鉱物と宝石
でき方や性質をさぐろう！

オールカラー！
ジュニア学習ブックレット

監修 松原 聰

PHP

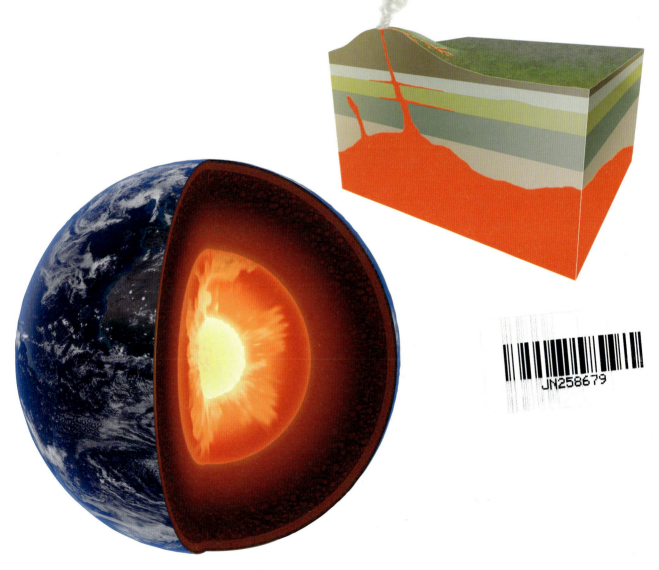

鉱物と宝石

はじめに

第1章 鉱物のでき方と性質
鉱物って何だろう？ ……………… 6
成分で分ける鉱物のグループ ……… 8
鉱物の結晶の形 …………………… 10
地球のなかのしくみ ……………… 12
鉱物はこうしてできる！ ………… 14
●●● コラム ●●●
恐竜の化石も鉱物になる？ ……… 16

第2章 鉱物と宝石のふしぎ
みがくと宝石になる鉱物 ………… 18
宝石好きだった古代人 …………… 20
もっともかたい鉱物"ダイヤモンド" … 22
星座石と誕生石 …………………… 24
あやしく光る鉱物のなぞ ………… 26

もくじ

見る角度で色の変わる鉱物 ……… 28
鉱物になった生き物たち ……… 30
自然がつくったガラス・石英 …… 32
自然がつくるふしぎな形 ……… 34
自然がつくるそっくり鉱物 ……… 36
流れ星や雷でできた鉱物 ……… 38
ふしぎな割れ方をする鉱物 ……… 40
絵の具に使われた鉱物 ……… 42
工業製品の原料となる鉱物 ……… 44
金属の原料となる鉱物 ……… 46
● コラム ●
ふしぎな見え方をする鉱物 ……… 48

第3章 岩石をつくる鉱物
地球の表面をつくる岩石 ……… 50
土や砂などがたい積してできた岩石 … 52
地下活動でできた岩石 ……… 54

● 巻末資料
結晶づくりにチャレンジ！！ ……… 56
全国博物館ガイド ……… 58
さくいん ……… 62

＊鉱物写真の一部についているアルファベットと数字は、標本番号とスケールを示しています。（独立行政法人産業技術総合研究所地質標本館所蔵）

はじめに
鉱物は地球からわたしたちへの贈り物

松原 聰（元国立科学博物館地学研究部長）

　地球は、46億年前に誕生して以来、現在に至るまで活発な活動をつづけています。その結果として、地球上にはさまざまな地形や風景がつくりだされてきたのです。それらのもとになっているのが鉱物であり、その種類は約4300種におよぶといわれています。では、鉱物とは、いったいどんなものをいうのでしょうか？

　ひとくちにいうと、鉱物とは「地球や惑星がつくったある一定の元素が組み合わさった固体」のことです。物質は大きく、有機物と無機物に分けられます。有機物はおもに動物や植物などの生命活動でつくられるもので、それ以外のすべての物質が無機物です。鉱物は天然の無機物の代表です。地球そのものは、おもに鉱物からできていて、いろいろな鉱物が組み合わさって岩石を構成しています。

　鉱物は、それぞれ特有の結晶をつくり、ふしぎな色や形で多くの人々の心をひきつけます。みがくと美しくかがやくものは、宝石として用いられています。また、鉱物からとりだされた金属は機械、道具、半導体などの材料として、さらには陶磁器などの原料に利用されてきました。それらの鉱物は「地下資源」ともよばれ、わたしたちの生活にとってなくてはならないものとされてきたのです。

　その意味では、鉱物は、地球からわたしたちへの大切な「贈り物」ということができます。鉱物を知ることは、地球そのものを知るきっかけになるといってよいでしょう。みなさんが、この本を通じて地球をより深く理解し、人類の故郷である「地球」を愛する心をはぐくんでくださるよう願っています。

第1章 鉱物のでき方と性質

第1章 鉱物のでき方と性質

01 鉱物って何だろう？

動物や植物の体がもとになってできる物質を「有機物」、地球のはたらきで自然にできる物質を「無機物」といいます。鉱物は地球のつくりだした無機物の一種で、岩石もさまざまな鉱物からできています。鉱物のなかには金属の原料となるものもあります。

自然がつくった無機物

鉱物は、それぞれ決まった元素の組み合わせでできています。それらの元素をつくる原子は、規則正しくならんで結びついているため、鉱物の多くは結晶とよばれる決まった形をしています。そうした性質を「結晶質」といいます。鉱物の結晶は、わずかな不純物をふくむことはありますが、たいていは決まった元素の組み合わせだけの純粋な物質でできています。元素の組み合わせによって、鉱物の色や光沢、かたさ、比重、結晶の形、へき開（→P.40）などにちがいが出てきます。それらのちがいを調べると、鉱物を分類することができるのです。

▲ダイヤモンドの結晶　地球上でもっともかたい鉱物で、宝石として有名。高温、高圧の地下150〜250kmでつくられる。

▲鉱物の結晶構造　鉱物は、原子が規則正しくならんだ結晶になることが多い。原子が同じでも、ならび方がちがうと別の鉱物になる。

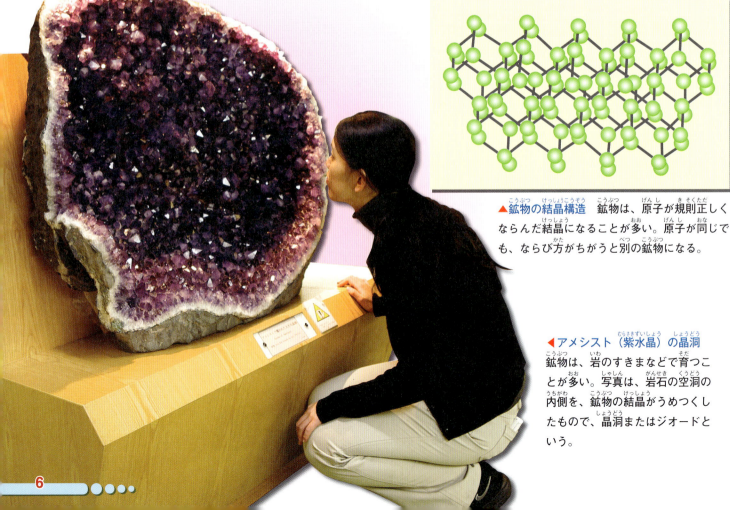

◀アメシスト（紫水晶）の晶洞
鉱物は、岩のすきまなどで育つことが多い。写真は、岩石の空洞の内側を、鉱物の結晶がうめつくしたもので、晶洞またはジオードという。

岩石をつくるもとになる鉱物（造岩鉱物）

いくつかの鉱物が集まってできたものが岩石です。代表的な岩石の1つに花こう岩があり、その表面には色のちがうつぶがたくさん見られます。つぶの正体は石英や黒雲母、長石といった鉱物の結晶です。鉱物は、岩石をつくる小さな単位であり、岩石そのものではありません。また、岩石が集まると地表のかたい部分、地殻になります。つまり、単位の小さい順にならべると、鉱物→岩石→地殻となるわけです。

▼**黒雲母** 鉄をふくむため黒っぽい。雲母の結晶は、うすい板のようにはがれる。

花こう岩

▲**石英** いろいろな岩にふくまれる鉱物。写真では灰色に見える部分にあたる。透明や白に見えることもある。

▲**長石** 写真では白やピンク色の部分。岩をつくるもっともありふれた鉱物で、20種類以上のなかまがある。

金属の原料になる鉱物

鉱物のうち、鉄、金、銀、銅など、人間の生活に役立つものを、鉱石とよびます。鉱石は、硫黄や酸素など別の物質と結びついていることが多いので、そこからとりだす作業が必要になります。

▲**アメリカのビンガム鉱山** 深さ1.2km、幅4kmにおよぶ巨大な鉱山。おもに銅を産出する。

おもしろコラム
生き物の化石も鉱物とよべる？

鉱物は、ふつう無機物でできた固体です。生き物がもとになってできたものは有機物なので、鉱物にはふくまれません。しかし、コハクのような木の樹液の化石は、長い年月をかけて地面の下で自然にできたものなので、鉱物にふくめることになっています。また、水銀の場合、常温では液体ですが、例外として鉱物とみなされています。

▶**虫入りコハク** 樹液をなめにきた虫が、樹液に閉じこめられて化石となった。コハクは宝石としても広く利用されている。

第1章 鉱物のでき方と性質

1 成分で分ける鉱物のグループ

鉱物は、それぞれ決まった成分（元素の組み合わせ）でできています。それらの成分で、鉱物をグループ分けすることができます。しかし、ダイヤモンドや石墨のように、成分は同じでも原子のならび方がちがうと、異なる鉱物になることがあります。

鉱物は化学組成で分けられる

鉱物は、一種類の元素あるいはちがう元素同士の組み合わせ（化学組成）でできていて、これをもとに分類されます。1つの元素だけでできている鉱物は少なく、たいていはほかの元素や塩基とよばれる物質と結びついてできています。

● 硫化鉱物

硫黄（S）と別の元素が結びついた鉱物です。黄鉄鉱や黄銅鉱、輝安鉱、しん砂、輝銀鉱、石黄などがあります。

黄鉄鉱

● 元素鉱物

1つの元素でできた鉱物です。ダイヤモンド（C）や硫黄（S）、自然金（Au）、自然銀（Ag）などがあります。

輝安鉱

しん砂

ダイヤモンド　硫黄

● 酸化鉱物

酸素（O）と別の元素が結びついた鉱物です。赤鉄鉱、磁鉄鉱、赤銅鉱、黒銅鉱、ルチル、すず石などがあります。

赤鉄鉱

● ハロゲン化鉱物

塩素（Cl）やフッ素（F）、臭素（Br）などと別の元素が結びついた鉱物です。ホタル石、岩塩などがあります。

ホタル石　岩塩

磁鉄鉱　赤銅鉱

ケイ酸塩鉱物

マントルや地殻の主成分となるケイ酸基（SiO_4）をもつ鉱物です。らん晶石、ぶどう石、鉄ばんざくろ石、角せん石、輝石、長石、雲母などがあります。

鉄ばんざくろ石

ぶどう石

らん晶石

リン酸塩鉱物

リン酸基（PO_4）をもつ鉱物です。トルコ石、らん鉄鉱、緑鉛鉱、リン灰ウラン石、リン灰石、モナズ石などがあります。

トルコ石　らん鉄鉱

硫酸塩鉱物

硫酸基（SO_4）をもつ鉱物です。石こうや重晶石、胆ばん、明ばん石、青鉛鉱、硫酸鉛鉱、天青石などがあります。

石こう　　重晶石

炭酸塩鉱物

炭酸基（CO_3）をもつ鉱物で、方解石がとくに有名です。ほかに、あられ石、白鉛鉱、くじゃく石、らん銅鉱などがあります。

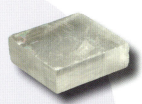
方解石

あられ石　　白鉛鉱

おもしろコラム
成分が同じでも、まるでちがう鉱物

ダイヤモンドと、石墨（黒鉛）は同じ炭素（C）という元素からできていますが、見た目も性質もまるでちがいます。これは原子のならび方がちがうためです。ダイヤモンドは原子が立体的に結びついていますが、石墨は原子が平面状に結びつき、平面同士は弱い力でつながっています。そのため、ダイヤモンドは鉱物のなかでもっともかたいのにたいし、石墨はやわらかいのです。

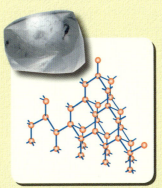
▲ダイヤモンドの結晶構造　原子が立体的に結びついている。

▲石墨の結晶構造　原子は平面状に結びついている。

第1章 鉱物のでき方と性質

1 鉱物の結晶の形

鉱物の多くは、それぞれ決まった形に成長するという性質をもっています。その形を結晶形といいます。同じ鉱物の結晶の形が似ているのは、鉱物をつくっている原子が規則正しくならんでいるからです。結晶のグループは大きく6つに分けられます。

結晶の成長の仕方と結晶のグループ（結晶系）

結晶の中心で交わる3本の軸を考えると、結晶の種類を決めることができます。複雑な結晶面は、2つ、3つの結晶軸と交わります。六方晶系のように4つの結晶軸をもつものもあります。

黄鉄鉱

ダイヤモンド

● **等軸晶系**
縦、横、高さの3つの軸の長さが等しく、直角に交わるものです。すべての軸の長さが同じなので、ころころした感じの鉱物が多く見られます。

鉄ばんざくろ石

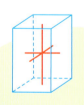

GSJ M6366
←→12cm
ジルコン

魚眼石

● **正方晶系**
3つの軸が直角に交わり、高さの軸の長さだけが異なるものです。そのため、上から見た形は正方形ですが、柱のように長いものが多く見られます。

● **六方晶系**
交わる軸のうちで高さの軸の長さだけが異なります。六角柱や六角すいの形をした柱状のものが多く見られます。

緑柱石

● 直方晶系（斜方晶系）
3つの軸の長さは異なりますが、すべて直角に交わるものです。柱状か、テーブルのように平たい形をしたものが多く見られます。

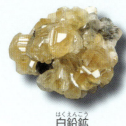

白鉛鉱

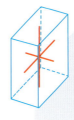

● 単斜晶系
3つの軸の長さがそれぞれ異なり、2つの軸は直角に交わるものです。そのため、上の面と下の面が同じ形になっています。鉱物のなかでもっとも多い結晶の形です。

GSJ M16586
↔7cm

石こう

ヒスイ輝石

● 三斜晶系
3つの軸の長さがすべて異なっていて、交わる角度もそれぞれ直角ではないものです。対称となる面がないため、結晶も複雑な形をしています。

らん晶石

▲松たけ水晶　透明な水晶が成長した上に、紫水晶が太く短く成長して、松たけに似た形になった。

鉄電気石

三方晶系
六方晶系のなかまです。六方晶系をたてに半分にしたような形のもので、上から見ると三角形に近い形をしています。

おもしろコラム
ハートの形の双子の水晶

水晶の結晶は、2つくっついたままで成長して、ハートの形になることがあります。こうした結晶は、日本産のものが古くから研究されてきたため、日本式双晶とよばれています。

◀双子の水晶
2つの結晶が、付け根で約85度に交わって成長し、ハートの形になった。

第1章 鉱物のでき方と性質

01 地球のなかのしくみ

地球の表面は、「プレート」とよばれる厚さ100kmほどの岩盤でできています。それらのプレートは、地球内部の熱で移動するマントルとともに、ゆっくり動きつづけています。火山の噴火や温泉なども、そうしたプレートの動きによっておこるのです。

陸地や海底は動いている！

地球内部の外核付近では、スーパーホットプルームとよばれる熱がわきだしています。それらの熱によって、かたい岩石でできたマントルが温められて軽くなり、ホットプルームとなって地表へと上昇してプレートとともに移動します。プレートは、大陸の近くまで移動すると、熱を失ってコールドプルームとなり、下へとしずみこんでマントルの一部となります。このように、マントルによる流れ（マントル対流）が、プレートを動かす力となっているのです。

▼**地球の内部** 中心から順に、内核、外核、マントル、地殻となる。内核は半径約1220km、温度が約6000度で、外核は厚さ約2300km、温度は約4000度。外核とマントルの境界では、マントルが温められて上昇し、対流をおこす。

▼**プルームテクトニクス** 外核の熱をうけて、マントルはスーパーホットプルームとなって上昇し、プレートを動かす。一方、熱を失ったマントルは、スーパーコールドプルームとなって下部マントルへとしずみこむ。

大陸移動説のしくみ

ホットプルームはプレートを動かし、大陸を移動させると考えられている。

①
◀**ホットプルームの上昇** 大陸の下でホットプルームが上昇し、両端でプレートがしずむ。

②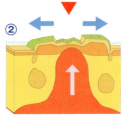
◀**大陸が引きさかれる** ホットプルームが、さらに上昇して大陸を左右に引きさく。

③
◀**大陸が離れる** 大陸が離れ、さけめが海になる。古いプレートはマントル下部へしずむ。

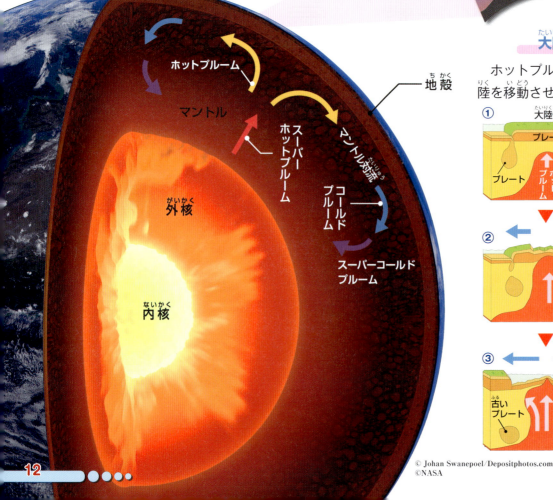

© Johan Swanepoel/Depositphotos.com
©NASA

▼花こう岩　地球の表面部分を地殻といい、地殻はおもに花こう岩などの火成岩でできている。

▲かんらん岩　マントル上部をつくるおもな岩石で、地表付近ではあまり見られない。

▲雲仙普賢岳の噴火　1990年、長崎県にある雲仙普賢岳の噴火で高熱の溶岩や土砂などが人々や家屋をおそい、大きな被害がでた。

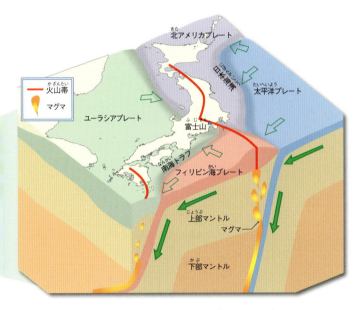
▲日本周辺のプレートの分布　日本の周辺には4枚のプレートがたがいにおしあっており、その影響でマグマが活発に活動している。

＊大きな崩落が生じたため、平成29年現在、形は大きく異なっています。

▲富山県地獄谷の噴気塔　火山ガスの噴き出し口で、黄色のものは、火山ガスのなかの硫黄が空気中で冷やされてかたまった硫黄華。

◀北投石（左）と玉川温泉（上）　秋田県にある玉川温泉のわきだし口付近では、微量のラジウムをふくむ北投石（重晶石、硫酸バリウム）というめずらしい鉱物が見られる。

おもしろコラム
2つの陸地がぶつかったあと

中国とネパールの間に広がるヒマラヤ山脈には、6000m級の高い山々がたくさん連なっています。この山脈は、南半球から移動してきたインド大陸が、ユーラシア大陸にぶつかり、間にあった海がもりあがってできたと考えられています。

▶ヒマラヤ山脈　昔は深い海の底だったと考えられている。

第1章 鉱物のでき方と性質

鉱物はこうしてできる！

鉱物は、高温のマグマやそれに熱せられて鉱物成分をとかしこんだ地下水が、地中深くで冷えるときにできます。また、地中の熱や圧力で岩石の性質が変わったり、マグマにふくまれる火山ガスが地表で冷やされたりしてできることもあります。

鉱物のできる場所と見られる場所

地球の表面はかたい岩石でできていますが、地中深くでは熱と圧力が高く、岩石がどろどろにとけた高温のマグマとなっています。鉱物の多くは、それらのマグマや高温の地下水が地中でゆっくり冷えるとき、結晶となって成長するのです。

このように、鉱物の多くは地中のとても深いところで生まれるため、わたしたちはそこを直接見ることはできません。ところが、地球内部のマントルの流れ（マントル対流）によって地球表面のプレートが動いて大地が持ち上げられたり、マグマが上昇したりすると、地中でできた鉱物も地表近くへと移動してきます。それらのありかをさまざまな方法で探りだし、機械でほりだすことで、わたしたちは鉱物を直接手にとって見ることができるようになるのです。

▼**鉱物のできる場所** 多くの鉱物は、火成岩（→P.51）や変成岩、たい積岩などの岩石の内部やすき間にできる。火成岩はマグマが冷えるときにできるが、その終わりに近いころに大きな結晶からなるペグマタイト（→P.51）ができる。変成岩は、マグマが冷えた花こう岩のまわりにできる接触変成岩と、プレートのしずみこみとともにできる広域変成岩の2つに分けられる。

● **マグマが冷えてできる（ペグマタイト）**

地中の深いところでマグマがゆっくり冷えて岩石になるときに、マグマのなかのガスが集まって鉱物の大きな結晶ができることがあります。

▲**岐阜県和田川沿いの採石場** 深い山のなかの斜面を切りくずして、花こう岩を採掘する。ここにペグマタイトがあり、水晶などが見つかる。

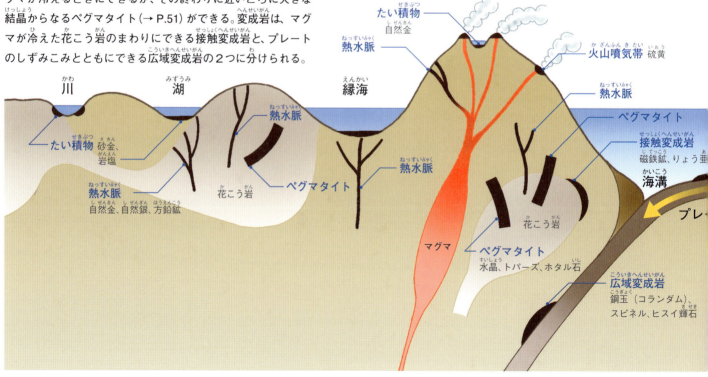

熱い地下水が冷えてできる（熱水脈）
マグマで熱せられた地下水が、岩石の割れ目に入って冷えるとき、とけていた鉱物が結晶化してできます。

自然金
▲金の採掘　削岩機で岩をくずして金をほる。

火山ガスが冷えてできる（火山噴気帯）
噴気孔からふき出した火山ガス中の鉱物が、空気で冷やされ、かたまってできます。

硫黄
▲火山の噴気孔　火山ガスが冷えて硫黄ができる。

岩石の性質が変わってできる（変成岩）
地中の岩石が、地表に向かってのぼってきたマグマの熱や地中の圧力などのはたらきで性質が変わってできます。

大理石
▲大理石の採掘　石に切り目を入れて切り分けていく。

川や海の底につもってできる（たい積物）
風化した岩石内の鉱物の破片が水に運ばれ、川や海の底につもってできます。

砂金
▲砂金とり　川底につもった砂から砂金をとる。

海嶺

おもしろコラム
地下水がつくる鉱物の柱

山口県の秋芳洞には、黄金柱とよばれる巨大な石の柱があります。この柱は、地下水にとけた石灰岩が、鍾乳洞のなかで沈殿してできたものです。

雨水には、わずかな二酸化炭素がふくまれていて、地中にしみこむと少しずつ石灰岩をとかして鍾乳洞をつくります。石灰岩成分のとけこんだ地下水は、鍾乳洞のなかで長い間したたり落ちるうちに、二酸化炭素がぬけて再び結晶となり、方解石とよばれる鉱物の柱をつくるのです。

▲秋芳洞の黄金柱　石灰岩のとけた地下水が、上からしたたり落ちるうちに、方解石でできた柱をつくりあげた。

コラム

ティラノサウルスの想像復元図
画：梅田紀代志

ティラノサウルスの化石標本
写真提供：国立科学博物館

恐竜の化石も鉱物になる？

　大昔にすんでいた貝のからや、動物の骨、歯などは、鉱物と同じような成分でできています。それらの貝がらや骨などが、何千万年、何億年もの間地下にうもれているうち、地中の熱や圧力のはたらきで石のようにかたくなったものが「化石」です。いまから6600万年以上前まで、地球上に生きていた恐竜の骨の化石も、こうしてできた鉱物なのです。

　貝がらや骨、歯などが化石になるとき、それらのすき間にほかの鉱物成分が沈殿したり、ほかの成分と入れかわって黄鉄鉱やオパールなどに変わったりすることがあります。オパールの産地・オーストラリアでは、オパールでできた恐竜の化石が、しばしば発見されています。

第2章 鉱物と宝石のふしぎ

第２章 鉱物と宝石のふしぎ

みがくと宝石になる鉱物

鉱物には、透明なものと不透明なものとがあり、透明な鉱物（原石）は光を通して見ると、かがやいて見えます。それらの表面をみがくと、さらに光が美しくかがやき、宝石とよばれるようになります。宝石にはいろいろなカットの方法があります。

ブリリアント・カット

ダイヤモンドは、もっとも光を折れ曲がって進ませる鉱物です。そのため、表側だけでなく裏側もみがいて、いくつもの面をつくると、入った光が反射してきらきらかがやきます。こうしたみがき方をブリリアント・カットといいます。

● ラウンド・ブリリアント

ダイヤモンドのかがやきを最大限に引き出すカットです。カット面が58面もあるため、なかに入った光が複雑に反射し、美しいかがやきを放ちます。

原石

ダイヤモンド

● オーバル・ブリリアント

上から見て、小判形（だ円形）にカットされたものです。ルビーなどによく用いられ、ラウンド・ブリリアントより上品で落ち着いた感じをあたえます。

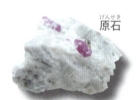
原石

ルビー

▲世界最大のダイヤモンド「カリナン」（複製） 南アフリカで見つかった巨大な原石は９つにカットされ、イギリス国王に贈られた。①は王しゃく（左）に、②は王冠（上）にはめこまれた。

◀宝石の研磨 かたい鉱物の粉末をぬった工具を回転させ、そこに宝石をおしつけて、表面をみがいたり、形を整えたりする。

● ペア・シェイプ・ブリリアント

西洋なし（ペア）に似た形にカットされたものです。涙のしずくに似ていることから、「ティア・ドロップ」ともよばれています。

原石

トパーズ

おもしろコラム
加熱して色を美しくするサファイア

　天然石をカットするだけでなく、熱を加えて美しい宝石にする技術もあります。たとえば、色のよくないサファイアに熱を加えて、美しい色に変えることがあります。最近では、スリランカ産のギュウダとよばれる白色の原石を高温で加熱して、より高価な青色のサファイア（ブルーサファイア）にする処理も行われています。また、サファイアの仲間のルビーもさかんに加熱処理が行われています。

▲サファイアの原石　サファイアの原石も、処理をしないと普通の石と変わらないが……。

▼人工処理を行ったサファイアの宝石　加熱してからカットすると、美しくすき通った色の宝石へと生まれ変わる。

ステップ・カット

　透明で色の美しい鉱物は、表側中央を四角形や八角形のテーブル型の面とし、その周囲に段状の面を設け、裏側にも多くの面を設けることで、色が美しくすけてかがやくようにしてあります。こうしたみがき方をステップ・カットといいます。

● エメラルド・カット

　エメラルドをみがくのによく用いられるカットの仕方です。エメラルドは長方形や正方形にカットして宝石にすることが多く、真ん中が大きく平らになっているため、すき通った緑色にかがやきます。

原石

エメラルド

● プリンセス・カット

　長方形にカットしたものに、さらに58面もの細かいカットを入れたものです。光がきらきらと反射して、上品な感じをあたえます。

原石
アクアマリン

▲合成エメラルド　アメリカのチャザム社が、1940年代はじめにつくったとされている。

カボション・カット

　トルコ石や猫目石のように半透明や不透明で色の美しい鉱物は、表側を半球状や半だ円状になるようにみがいてあります。表面をもりあげることで色がいっそう際立って見えるのです。こうしたみがき方をカボション・カットといいます。

原石

トルコ石

第 ② 章 鉱物と宝石のふしぎ

宝石好きだった古代人

美しい色をもち、みがくときらきらとかがやく鉱物は、大昔から宝石として大切にされてきました。身を飾る装飾品としてだけでなく、災いをさける特別な力のあるものとして、王や貴族などの権力者の印とされてきたのです。

富を集めた古代エジプトの王（ファラオ）

世界最古の文明は、紀元前3000年ごろにおこったメソポタミア文明です。このころから、すでに宝石をつくる技術があったといわれています。まもなくエジプトでも統一王朝ができて、ラピスラズリやトルコ石などの宝石が王（ファラオ）や王妃の身を飾るようになります。なかでも、第18代ファラオのツタンカーメンの墓からは、さまざまな宝石のちりばめられた黄金のマスクが発見されています。

▲古代エジプト王国の地図　ラピスラズリははるかアフガニスタン、トルコ石はシナイ半島からもたらされたとされている。

▲▶ピラミッド（上）とツタンカーメン王の黄金のマスク（右）　トルコ石やラピスラズリの青色は、空と海の色合いに通じるところがあるので、古くから魔よけや身を守る力があるとされてきた。そのため、古代エジプトのツタンカーメン王のマスクにも、ふんだんに使われている。ほかに、紅玉石や黒曜石などの宝石もはめこまれている。

▶ラピスラズリ　　▶トルコ石

大昔の日本で重んじられた宝石・ヒスイ

日本では、数千年前の縄文時代からヒスイ（ヒスイ輝石）という鉱物が「玉」として重んじられてきました。新潟県糸魚川市でとれるヒスイと同じ玉が、全国各地の遺跡から発見されています。

◀▲三内丸山遺跡（左）とヒスイの大珠（上）　青森市内の三内丸山遺跡からは、4個のヒスイの大珠が出土した。

◀▲奴奈川姫（左）と橋立ヒスイ峡　古代出雲（島根県）の王・大国主は、越の国（北陸地方）の女王・奴奈川姫にプロポーズするが、拒否される。熱心な求婚に負けて姫はついに結婚するが、結局うまくいかずに逃げ帰り、大国主の軍勢に追いつめられて自殺したという。この伝説は、ヒスイをめぐる争いといわれている。

▶日本最大のヒスイ原石　有名なヒスイの産地・糸魚川市の橋立ヒスイ峡では、重さ102トンもあるヒスイの原石が発見されている。

古代大和朝廷の玉造遺跡

いまから1500年ほど前、大和国（奈良県）に勢力をもつ大和朝廷が、全国を統一したと考えられています。奈良県橿原市の曾我遺跡では、全国各地から集められた鉱物を材料にした玉造工房あとが発見されています。

◀曾我遺跡から出た玉類　ヒスイやめのう、水晶、コハクなどの完成とちゅうの玉類が発見され、大和朝廷の玉造工房だったと考えられている。

おもしろコラム
ヒスイの色はもともと白い

ヒスイというと、緑色を思いうかべますが、実をいうと、純粋なヒスイ輝石は白色です。ふくまれる金属元素の種類で、色が変わるといわれています。

▲ヒスイ輝石　宝飾品に加工されるヒスイの大部分は、白色のヒスイ輝石からできている。

▲オンファス輝石　糸魚川のヒスイは、鉄などの成分をふくむため、美しい緑色になるとされている。

第2章 鉱物と宝石のふしぎ

もっともかたい鉱物 "ダイヤモンド"

ダイヤモンドは、もっともかたく、もっとも美しく光を反射させる鉱物です。そのため、天然のダイヤモンドをみがいて装飾に用いるだけでなく、人工ダイヤモンドをつくりだして、かたいものを加工する工作機械や研磨剤などに使用しています。

地下深くでできるダイヤモンド

ダイヤモンドは、地下約 150 km 以上という高温・高圧の深い場所でできる鉱物です。地下 150km より深いところからマグマが、短時間に急上昇するとき、とちゅうでダイヤモンドをとらえて地表近くまで運びます。

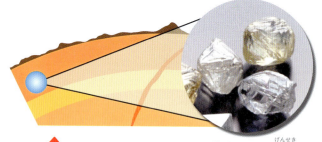

ダイヤモンド原石

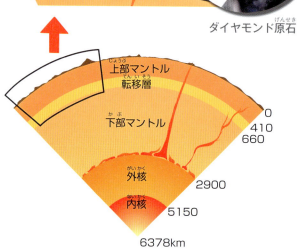

▲ダイヤモンドのできる場所　ダイヤモンドは、地下約150kmという深さにある上部マントル付近でできる。

▲カリナン鉱山　1905年南アフリカのプレミア鉱山（今のカリナン鉱山）で3106カラットという世界最大のダイヤモンドが見つかった。

鉱物のかたさくらべ

おもな鉱物のかたさを10段階に分けてならべると、滑石がもっともやわらかく、ダイヤモンドがもっともかたいことがわかる。

かたさ：1　2　3　4　5　6

おもな鉱物：▲滑石　▼石こう　▲方解石　▼ホタル石　▲リン灰石　▼正長石

人工ダイヤモンドのつくり方

ダイヤモンドは、炭や石墨と同じ炭素でできています。容器のなかを地球の内部と同じ高温・高圧の状態にする高温高圧法やメタンと水素にマイクロ波という電波を当てる気相合成法を使うと、人工ダイヤモンドをつくることができます。

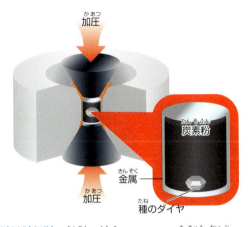

▲高温高圧法 金属の容器のなかを、地球の内部のような高温・高圧にして、炭素粉から人工ダイヤモンドをつくる。装置が巨大になるので、費用がかかる。

▲人工ダイヤモンド 宝石用にも使われるが、ドリル工具や研磨剤など、工業用に使われることが多い。

◀気相合成法（ガス法） 高温高圧法とは異なり、大気圧でも人工ダイヤモンドをつくることができる。メタンと水素を容器に入れて、マイクロ波を当てると、基板の上にダイヤモンドの膜をつくることができる。

▶世界一かたいダイヤモンド
2006年、住友電工と愛媛大学の共同研究チームが、直径4mmの世界一かたい人工ダイヤモンドをつくることに成功した。さらにかたいダイヤモンドをつくる研究がつづいている。

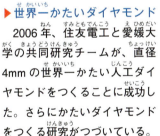

おもしろコラム
鉱物のかたさを調べる

鉱物のかたさを調べるときには、2つの石をこすりつけます。そして、傷がつかなかったほうをかたいとして、かたさを決めていきます。10種類の鉱物をかたさの順にならべると、左のような表で表すことができます。

石英（水晶） ▼トパーズ ▲鋼玉（コランダム） ▼ダイヤモンド

第2章 鉱物と宝石のふしぎ

星座石と誕生石

大昔の人は、太陽が地球の周りを1年かけて一周していると考えていました。その太陽の通り道（黄道）にある12の星座を黄道12宮といいます。これらの星座に生まれ月を当てはめ、それぞれの星座の鉱物（宝石）を決めたものを星座石といいます。

星座石と誕生石の広まり

大昔から人々は、太陽や星の動きで自分たちの運命を占うという習慣がありました。12星座にちなむ自分の生まれ月の星座石を身につけていると、災いをさけることができ、幸せになれると考えてきたのです。こうした考えを占星術といいます。いまでもヨーロッパでは、占星術をもとにした星座石を選ぶ人が多いといわれています。

一方、アメリカでは、1912年に宝石商たちが生まれ月にちなむ誕生石を新たに定め、国民の間に宝石を広めようとしました。これをきっかけに、誕生石は装飾品として世界中に広まり、1958（昭和33）年には、日本の全国宝石商組合も独自の誕生石を定めています。

▼ **日本とアメリカの誕生石** アメリカの誕生石をもとに、日本では3月のサンゴ、5月のヒスイなどを独自に取り入れた誕生石が定められている。

月	アメリカ	日本
1	ガーネット（ざくろ石）	ガーネット（ざくろ石）
2	アメシスト（紫水晶）	アメシスト（紫水晶）
3	アクアマリン ブラッドストーン	サンゴ アクアマリン
4	ダイヤモンド	ダイヤモンド
5	エメラルド	ヒスイ エメラルド
6	ムーンストーン、真珠	ムーンストーン、真珠
7	ルビー	ルビー
8	ペリドット サードオニキス	ペリドット サードオニキス
9	サファイア	サファイア
10	オパール、トルマリン	オパール、トルマリン
11	トパーズ、シトリン	トパーズ、シトリン
12	トルコ石、ラピスラズリ	トルコ石、ラピスラズリ

● **さそり座（オパール）**
10月24日～11月21日生まれ
小さなケイ酸のつぶが規則正しくならんでいるものが、宝石として用いられます。

● **てんびん座（ペリドット）**
9月23日～10月23日生まれ
かんらん石のなかで、透明で黄緑色をしたものが宝石となります。

● **おとめ座（トルコ石）**
8月23日～9月22日生まれ
トルコブルーとよばれるあざやかな青色をしています。

● **しし座（ダイヤモンド）**
7月23日～8月22日生まれ
すべての物質のうちでもっともかたいことで知られています。黄色やピンクなど色のついたものもあります。

● **かに座（ムーンストーン）**
6月22日～7月22日生まれ
2つの鉱物の薄い層が交互に重なり合っているので、月の光のように青白くかがやきます。

● **ふたご座（アクアマリン）**
5月21日～6月21日生まれ
緑柱石の一種で、透明で青色をしたものです。名前はラテン語の「海の水」に由来します。

＊それぞれの星座の星座石と原石をならべてあります。

● いて座（トパーズ）
11月22日〜12月21日生まれ

さまざまな色がありますが、黄色がもっともよく知られています。

● やぎ座（ガーネット）
12月22日〜1月19日生まれ

鉱物名はざくろ石です。さまざまな種類のうち、赤く透明なものが宝石として使われます。

● みずがめ座（サファイア）
1月20日〜2月18日生まれ

鋼玉（コランダム）のうち、色の赤いルビー以外のものです。青色がもっとも親しまれています。

● うお座（アメシスト）
2月19日〜3月20日生まれ

水晶のなかで、紫色のものです。良質のものが比較的よく見つかります。

● おひつじ座（ルビー）
3月21日〜4月19日生まれ

鋼玉（コランダム）のうち、色の赤いものをルビーとよびます。

● おうし座（エメラルド）
4月20日〜5月20日生まれ

アクアマリンと同じ緑柱石の一種ですが、内部に傷やくもりがないものは、大変貴重です。

第2章 鉱物と宝石のふしぎ

あやしく光る鉱物のなぞ

ふだんは地味な色ですが、紫外線などを当てると、暗やみのなかでも光るふしぎな鉱物があります。なかには、日光を当てても蛍光を放つめずらしい鉱物もあります。これらの鉱物の産地は限られているため、とくに貴重なものとされています。

鉱物を光らせる蛍光物質とは

わたしたちの目には見えませんが、日光のなかには紫外線という光がふくまれています。紫外線は、強力なエネルギーをもっています。夏の強い日光を浴びると、皮ふが黒く日焼けするのも、紫外線のエネルギーのせいです。日光やブラックライトという機械から出る紫外線を鉱物に当てると光るのは、鉱物のなかに蛍光物質がふくまれているからです。鉱物のなかにたくわえられたエネルギーが外に出るとき、蛍光物質が青や赤、緑などの光を出すのです。

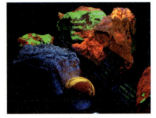

▲紫外線で光るフローレッセンス・ストーン 普通の光ではただの石（左）だが、ブラックライトを当てるとあざやかな色に光る（右）。

▲紫外線で光る鉱物 暗やみのなかで、ブラックライトの紫外線を浴びると、光を放つ鉱物たち。赤や緑、紫、黄色など、あざやかな色がうかびあがる。

おもしろコラム
蛍光灯も紫外線で光る

蛍光灯の管（蛍光管）のなかには水銀のガスが入っていて、管の内側には蛍光物質がぬってあります。蛍光灯のスイッチを入れると、蛍光管のすみにある点灯管から電子が飛びだし、水銀のガスとぶつかって紫外線を出します。その紫外線が、管の内側の蛍光物質に当たって光を出すのです。

▲蛍光灯の光 蛍光物質は赤・青・緑の光を出し、それらがまじりあって白っぽい光になる。

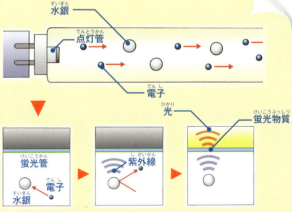

▲蛍光灯が光るしくみ スイッチを入れると、まず点灯管から電子が飛びだす（上）。その電子が水銀にぶつかると、紫外線が発生して蛍光物質を光らせる（下）。

紫外線を当てると光る鉱物

紫外線照射器（ミネラライト）やブラックライトなどを使うと、人工的に紫外線をつくりだすことができます。それらの紫外線をホタル石やケイ亜鉛鉱、マンガンをふくむ方解石、方ソーダ石、リン灰ウラン鉱などに当てると、さまざまな色の光を出します。

◀▶**ホタル石** レンズや陶磁器の原料にも使われる。ふだんは薄緑色や紫色だが、紫外線を当てると青く発光する。

▲▶**ケイ亜鉛鉱** 紫外線で強い緑色の光を放つ。アメリカのフランクリン鉱山など、産地が限られる貴重な鉱物。

◀**太陽光の下の方解石** 純粋な方解石は無色だが、マンガンをふくむものは、ふだんは淡いピンク色となっている（左）。

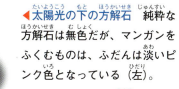

▶**紫外線を当てた方解石** 紫外線を当てると、赤い「リン光」を放つ。紫外線を止めてもしばらく光る。

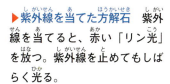

▲**紫外線を当てると光るカナダ産方ソーダ石** 普通の光を当てると、どこにでもあるような石だが（上）、ブラックライトの紫外線を当てると、紫色に光る（下）。

太陽光の紫外線でも光る石

ホタル石は、ブラックライトから強い紫外線を出して当てると青く光りますが、日光の紫外線だけでは光りません。ところが、イギリスのスコットランドにあるロジャリー鉱山でとれるホタル石は、日光に当てただけでも青い光を出すことで、世界的に有名です。

▼**屋内（左）と太陽光の下（右）のロジャリー鉱山産のホタル石** 日光の弱い紫外線を当てただけでも青い光を出す。

27

第 2 章 鉱物と宝石のふしぎ

見る角度で色の変わる鉱物

鉱物の色は、いつも同じとはかぎりません。鉱物の色は反射する光の色で決まりますが、なかには、見方を変えるとふしぎな色に変わるものがあります。見る角度によって虹色に光るもの、光の種類で色を変えるものなど、いろいろな鉱物があります。

虹色に光る鉱物のふしぎ

1770年、カナダのラブラドール半島で発見されたラブラドライトは、七色に光る石として有名です。見た目は地味な灰色ですが、ある方向から見ると、青色や虹色にかがやきます。

▲カットしたラブラドライト
みがくと、虹色に光るので宝石として使われる。

▲みがいたラブラドライト 表面をみがくと、2つの波長をもつ光同士が重なり合っていっそう虹色に美しく光る。

光が重なり合って虹色に光る

ラブラドライトは、成分のちがう2つのうすい層が、交互に重なってできています。それぞれの層の境目で反射した光が重なるため、虹色に光るのです。

おもしろコラム
ぬれて光るオパール

オパールのなかには、わずかですが水がふくまれているため、乾燥した場所や温度の高い場所に置くと、水分が蒸発してひび割れてしまいます。それでふだんはオパールを水のなかに入れてしまっておくのです。

◀水にぬらしたオパールの原石 水にぬらすと、美しい虹色にかがやく。

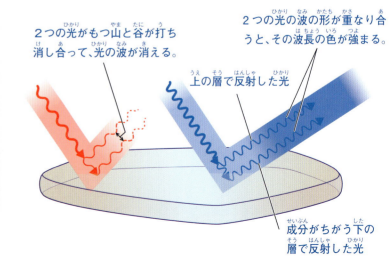

2つの光がもつ山と谷が打ち消し合って、光の波が消える。

2つの光の波の形が重なり合うと、その波長の色が強まる。

上の層で反射した光

成分がちがう下の層で反射した光

光のちがいで色が変わる鉱物

アレキサンドライトは、太陽の光（日光）で緑色にかがやきますが、白熱灯の光では赤っぽくかがやくという性質をもっています。光のちがいで色が変わるのは、結晶のなかにクロムをふくむためです。日光や白熱灯などの光は、いくつもの色の光がまざってできていますが、クロムはそのなかの青・緑色などの光と赤・オレンジ色などの光をほぼ同じ割合で反射します。そのため、青・緑などの反射が強い光では緑色に見え、赤・オレンジなどの反射が強い光では赤色に見えるのです。

▲プリズムを通した光　プリズムというガラスに白色の光をあてると、まざっていた光が7色に分かれて虹色に光る。

▶白熱灯の下でのアレキサンドライト　赤・オレンジ系統の色を強く反射するため、赤みがかって見える。

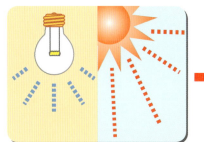

◀日光の下でのアレキサンドライト　青・緑系統の色を強く反射するため、緑がかって見える。

見る角度で色が変わる鉱物

きん青石は、光にすかしたとき、見る角度によって色が変わります。これは、方向によって決まった色の光が吸収されるためです。黄緑色の光が吸収されると青、青色が吸収されると黄緑色というように反対色が目立つようになり、色がちがって見えるのです。

▲きん青石　カットする前の原石。紫がかった淡い青色をしている。

90度向きを変えると……

▲青く見えるきん青石　黄緑色の光成分が吸収されて青く見える。

▲黄緑色に見えるきん青石　青色が吸収されて黄緑色に変わる。

おもしろコラム
ネコの目や星形のような光を出す鉱物

鉱物のなかには、表面を丸くみがくと、ネコの目のような光や星形の光を出すものがあります。なかでも、ネコの目（キャッツアイ）のような光を出す現象は「キャッツアイ効果」とよばれています。

▼虎目石（タイガーアイ）　　▼猫目石（キャッツアイ）

▲ムーンストーン　　▲スター石

第 2 章　鉱物と宝石のふしぎ

鉱物になった生き物たち

　大昔の生物の死がいは、何億年、何千万年もの長い間地中にうもれるうちに石のようにかたくなります。これが「化石」です。

　貝や木などの化石のなかには、地中の鉱物成分がしみこんで、生き物と同じ形のままで鉱物になってしまうものもあります。

オパールになった生き物

　岩や砂には、ガラスの原料となるケイ酸が大量にふくまれています。熱水にとけたケイ酸が、貝や木、恐竜などの化石の成分と入れかわってオパールになることがあります。それらのオパールは大変めずらしく、高価なものとされています。

▲オパール化した二枚貝の化石　水分をふくむオパールは、乾燥するとひび割れしやすいが、貝がらの成分をふくむ貝オパールは、乾燥してもひび割れしにくいので宝石として人気がある。

▼▶みがいて宝石にしたオパール（左）とオパール化した巻き貝（右）　オパールは、見る角度によってゆらゆらと虹色にかがやく。これを「遊色効果」という。オパール化した巻き貝は半透明となることが多い。

▼ケイ化木　アメリカのアリゾナ州で発見された。重さ2500kg、直径90cmもある木の化石。2億年も前の大木が、地中のケイ酸成分と入れかわり、ガラス質のケイ化木となった。

地中でめのうになった木の化石

　土砂にうもれてできた樹木の化石の成分が、地下水にとけたケイ酸と入れかわって木目のついた「めのう」になることがあります。これを「ケイ化木」といいます。ケイ酸からなるめのうはガラス質なので、みがくと宝石になります。

◀▲ケイ化木の断面（左）とその拡大（上）　樹木のなかの細胞の成分が、ケイ酸と入れかわってめのうになったため、年輪をはっきりと観察することができる。

生き物を閉じこめた樹液

木の幹から流れでた樹液が、長年地中にうもれると「コハク」とよばれるあめ色の化石になります。そのため、コハクのなかから昆虫の死がいや鳥の羽、植物の葉が見つかることがあります。将来は、これらの生き物から遺伝子情報をとりだして、大昔の昆虫や鳥を再生させることができると考えられています。

虫入りコハクができるまで

① ◀ えさの樹液をなめていた虫が、流れ出た樹液に閉じこめられる。

◀▲ ハチ入りコハク（左）と羽毛入りコハク（上）
樹液のなかに閉じこめられた昆虫や鳥の羽が、コハクのなかで見つかることがある。

② ▲ 虫入り樹液のついた樹木がたおれ、水中にしずむ。

③ ▲ その上に、土砂や泥が次々とつみ重なり、地層ができる。

④ ▲ 長い時間をかけて、地中の熱や圧力で、樹液が化石となる。

⑤ ▲ 地殻の変動で、地面が持ち上げられ、地層が地表に現れる。

⑥ ▲ 地中で化石となった樹液は、コハクとして地層からほりだされる。

黄鉄鉱になった生き物

黄鉄鉱は、火山活動の活発な地下の熱水脈やたい積岩のなかで硫黄と鉄とが結びついてできる鉱物です。これらの近くでは、アンモナイトやウミユリなど大昔の生物の化石が発見されることがあります。

◀ 黄鉄鉱化したアンモナイト　アンモナイトの殻の成分である石灰質が硫化鉄と置きかわると、黄鉄鉱化した化石ができることがある。

おもしろコラム
地中に閉じこめられた海水でできる鉱物

砂漠や乾燥地帯にある塩分の濃い内海や湖の水が蒸発して地中にうもれると、塩の鉱物「岩塩」ができると考えられています。ポーランドのヴィエリチカは岩塩の産地として有名で、これまでおよそ1000年も地下で採掘がつづけられてきました。

岩塩

▲ 地下の礼拝堂　ヴィエリチカでは、地下100ｍの位置に昔の鉱道を利用した聖キンガ礼拝堂がつくられている。階段から壁、彫刻、シャンデリアまですべてが岩塩でできている。

第 2 章 鉱物と宝石のふしぎ

自然がつくったガラス・石英

石英は、ケイ酸だけでできたありふれた鉱物です。その結晶が大きく成長したものが水晶です。水晶の結晶はガラスのように透明で、色や形も変化に富んでいます。これは、結晶が成長するとちゅうでさまざまな成分や別の鉱物がまじりあうからです。

不純物で変わる水晶の色

水晶の結晶が成長するとき、不純物がまじることがあります。ふくまれる不純物の影響で、それぞれ決まった色の光が吸収されるため、結晶はそれと反対の色をおびて見えるようになります。また、放射線が当たって色がつくこともあります。

▶煙水晶　わずかにアルミニウムがふくまれているため、煙のように茶色や黒色をおびて見える。

▲紫水晶（アメシスト）　鉄分をふくむため紫がかって見えるが、加熱すると黄色に変わる。

▲水晶　無色透明で単に水晶とよばれる。六角柱状の結晶になることが多い。

▲黒水晶　モーリオンともよばれる。漆黒に近い水晶で、天然のものはめずらしい。

▲黄水晶（集合体）　わずかに鉄分をふくむため、黄色がかって見える。天然にできるものは少なく、めずらしい。

◀紅水晶　チタンやリンなどをふくむため、赤みをおびて見えると考えられている。光に当てると赤色がうすくなることがある。

他の鉱物がまじって変わる水晶のもよう

水晶の結晶は、成長するとちゅうで別の鉱物をなかに閉じこめて成長することがあります。草入り水晶や針入り水晶などは、こうしてできたものです。また、水晶の結晶のなかに水晶の入った山入り水晶、水の入った水入り水晶などもあります。

水晶

水晶

◀ **草入り水晶** 結晶が成長するとちゅうで、電気石や角せん石などの細かな鉱物がまじりこんで、草のようなもようができたと考えられている。

＋

電気石

▶ **針入り水晶** 結晶が成長するとちゅうで、ルチルという鉱物の針状結晶がまじりこんだもの。アクセサリーとして利用されることが多い。

ルチル

＝

草入り水晶

針入り水晶

つぶ状・せんい状の石英でできた玉髄

玉髄は、細かなつぶ状やせんい状の石英が地中の火山岩（→P.50）のすき間などに集まってできた鉱物です。そのため、さまざまな色や形の玉髄が見られます。玉髄類には半透明なものと不透明なものとがありますが、半透明でしまもようのあるものをめのう、もようのないものを玉髄とよんで区別することもあります。また、不透明なものはジャスパーとよばれています。

◀ **サンゴ状の玉髄** 安山岩（→P.50）のすき間にできる。半透明でしまもようはほとんど見られない。

おもしろコラム
2段式で成長する山入り水晶

一度成長してできた水晶の結晶が、再び大きく成長することがあります。その場合には、下の結晶と上の結晶のさかいめが山の形になるため、山入り水晶とよばれています。

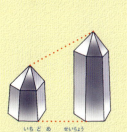
一度目の成長

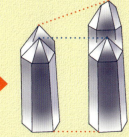
二度目の成長

▲ **山入り水晶** 結晶のなかにもう1つの結晶が見えることから、「ゴースト（幽霊）結晶」とよばれることもある。

第 ② 章 鉱物と宝石のふしぎ

自然がつくるふしぎな形

　自然は、ふしぎな形の結晶をつくりだします。雨の少ない砂漠では「砂漠のバラ」、鍾乳洞ではつぶ状の「あられ石」、温泉では「風船硫黄」、アルプス山脈では「鉄のバラ」などというように、場所によってできる結晶の形もさまざまです。

砂漠でできる「石のバラ」

　風が強く気温の変化が大きい場所では、長い年月がたつと、かたい岩石でも細かくくだけて砂になってしまいます。それが砂漠です。砂漠の湖やオアシスの水には、岩石が砂になるとき、なかにふくまれていた鉱物の成分が大量にとけこんでいるのです。それらの成分が、水分の蒸発で結晶となったものが「砂漠のバラ」です。

▶石こう（左）と同じ成分でできた「砂漠のバラ」（右）おもな成分は、彫刻やギブスに使われる硫酸カルシウムの集合体。バラがいくつもつながることもある。

▶重晶石（右）と同じ成分でできた「砂漠のバラ」（左）石こうの場合と同じく重晶石の集合体でできている。結晶が成長するとき砂漠の砂をふくむため、ざらざらした茶褐色になる。

砂漠のバラができるまで

　砂漠の湖やオアシスの水が蒸発していくと、水のなかの石こうや重晶石の成分がしだいにこくなって結晶しはじめます。水が干上がると、砂のくぼみに「砂漠のバラ」が残ります。

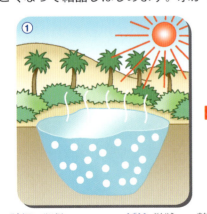

▶①鉱物の成分がとけこんだ湖　岩石から砂ができると、周りから石こうや重晶石などの成分が水にとけて湖にたまる。

▶②湖のなかで結晶ができる　強い日差しをうけて水が蒸発し、水中の鉱物成分がこくなって結晶ができはじめる。

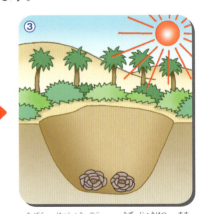

▶③砂漠に結晶が残る　水の蒸発が進むと、石こうや重晶石の板状結晶が集合して「砂漠のバラ」ができる。

鍾乳洞の水たまりにできる「あられ石」

大昔のサンゴの骨や貝殻などがつもってできた石灰岩が、わずかな二酸化炭素をふくむ雨にとかされてできたのが、鍾乳洞です。石灰岩をとかした雨水が、鍾乳洞のなかにたまって氷のような丸い「あられ石」をつくるのです。

◀まつぼっくり状結晶（左）と鍾乳洞（下） あられ石の結晶の形はさまざまで、柱状結晶が3つくっついて六角柱状となり、さらにそれらが集合してまつぼっくりのような形になることもある。

アルプスにさく鉄のバラ

「砂漠のバラ」だけではなく、スイスのアルプス山脈でも「アイアンローズ（鉄のバラ）」とよばれる鉱物が採掘されます。それらは表面が鏡のようにかがやいていることから、鏡鉄鉱ともよばれています。

▲鉄のバラ（左）とアルプス山脈（右） ヘマタイトともよばれる赤鉄鉱の結晶。赤鉄鉱の成分をふくむ火山ガスから、直接結晶ができると花びら状になるといわれている。

温泉でできる硫黄の風船

北海道にあるニセコや登別の大湯沼（熱湯の沼）では、温泉のなかをぷかぷかただよう風船のような球形の硫黄が見られます。こうした現象は世界でもめずらしく、「風船硫黄」とよばれています。

▲ニセコの大湯沼（右）で見られる風船硫黄（左）

風船硫黄ができるまで

温泉は、火山のマグマの熱で温められた地下水がわきだしたものです。そのため、温泉の底から硫黄をふくんだ火山ガスがふきだして水面近くで冷やされると、硫黄が丸くかたまって風船硫黄となるのです。

▲風船硫黄のでき方 ①沼の底で硫黄分をふくむ火山ガスがふきだしてあわとなる。②水面に近づくと、あわの外側が冷やされて丸くかたまる。③水面に風船硫黄がうきあがる。

おもしろコラム
大昔の石器そっくりの玄能石

長野県上田市では、玄能石とよばれる石やりに似た石がとれます。この石は、いまから130年ほど前には、大昔の石器にまちがえられたこともあります。しかし、石器なのに使用したときの傷が見当たらないため、自然にできた石とみなされるようになりました。

▲大昔の石やり（左）と形のよく似た玄能石（右） どちらも石でできていて、両はしがするどくとがっている。

第2章 鉱物と宝石のふしぎ

自然がつくるそっくり鉱物

自然がつくった鉱物のなかには、動物やくだもの、豚肉など、身近に見られるものと形や色のよく似たものがいっぱい。思わずまちがえてしまいそうなものもあります。どの鉱物が何に似ているかをくらべて、鉱物の名前や成分、性質などを覚えましょう。

そっくり鉱物大集合!!

鉱物の結晶は、規則正しく成長します。それらの結晶が集まると、ぶどうや花びら、糸などのように、見慣れたものそっくりの形になることがあります。鉱物の色や形は、鉱物の成分や性質だけで決まるわけでなく、ぐうぜん似てしまうこともあります。とはいえ、それらはすべて自然がつくりだしたものなのです。

▲**オーケン石** アザラシの赤ちゃんのように真っ白でふわふわした鉱物。鉱物が細かいせんい状に結晶したもの。

アザラシの赤ちゃん
© Vladimir Melnik-Fotolia.com

▲**ぶどう石** 色や形がマスカットそっくりの鉱物。結晶が集まってぶどうの房のようになることから、ぶどう石と名づけられた。

マスカット

スイカ

◀**ウォーターメロン** ウォーターメロンとは、英語でスイカという意味。リチウムを主成分とするリチア電気石とよばれる鉱物。

▲**猪肉石** 豚バラ肉そっくりに見えるが、中国でとれたれっきとした天然石。白い部分は石英、赤い部分はあられ石で、それらが層状に重なってできている。中国では「猪」は豚を意味する。

▲桜石 断面が桜の花びらそっくりの石。きん青石の六角柱状結晶が雲母に変質したもので、京都府亀岡市産が有名。

桜の花

▲菊花石 菊の花のもようをもつ貴重な石で、天然記念物に指定されているものもある。岩のなかに鉱物の結晶が現れたものと考えられる。

菊の花

◀石綿（アスベスト） 角せん石などのせんい状の結晶をほぐし、毛糸のようなせんいにしたもの。人体に有害。

毛糸

豚バラ肉

おもしろコラム
形は似ていても成分の異なる鉱物

鉱物のなかには、地中の熱や圧力のはたらきでなかの成分が入れかわったり、原子配列が変わったりして別の鉱物になってしまうものがあります。結晶の形はもとのままで、成分だけが変わることから、「仮晶」とよばれています。

▲黄鉄鉱（左）と褐鉄鉱（右） 褐鉄鉱は黄鉄鉱の成分だけが入れかわった仮晶である。

第 2 章 鉱物と宝石のふしぎ

流れ星や雷でできた鉱物

宇宙の天体が、地球の大気にぶつかって燃えて光るのが流れ星。なかでも、大きな天体が燃えつきずに地上まで落ちてきたものが「いん石」です。また、鉱物のなかには、落雷の熱でできるものもあります。空にちなんだめずらしい鉱物を紹介しましょう。

宇宙からやってきた鉱物

太陽とその周りにある星の集まりを「太陽系」といいます。そこには、太陽の周りを回る地球や火星などの惑星のほか、小惑星とよばれる小さな惑星や惑星の周りを回る衛星があります。いん石の多くは、地球の引力で引き寄せられた小惑星だといわれています。それらのうち、おもに金属でできているものは鉱物ということができます。

▲夜空の流れ星 長い尾を引く流れ星。決まった時期には流星群も見られる。流れ星の多くは地球上に着くまでに蒸発する。

流れ星がつくるクレーター

大きな流れ星が、いん石となって地球に衝突してできる円形のくぼ地がクレーターです。メキシコのユカタン半島では、直径約180kmもある巨大なクレーターが発見されています。

▼バリンジャー・クレーター アメリカのアリゾナ州で発見されたクレーターで、大きさは直径約1.2〜1.5km、深さ170mに達する。いん石は、衝突した後に蒸発したと考えられている。

◀石質いん石 おもに岩石でできている。地上に落下するいん石のほとんどがこのタイプ。

▶石鉄いん石 鉄・ニッケルの合金と岩石がほぼ半分ずつふくまれている。

◀鉄いん石（いん鉄） おもに鉄・ニッケル合金でできている。

雷がつくった鉱物

6億ボルト以上もの電圧をもつ落雷のエネルギーで、いっしゅんのうちに石英質の砂がとかされ、冷えてかたまったガラス質の鉱物を「雷管石」といいます。雷管石は、サハラ砂漠やアメリカ大西洋岸でよく発見されますが、大きな落雷の少ない日本では、1968年に北海道岩見沢市で発見されたものがただ1つの例となっています。

▶落雷の瞬間　積乱雲のなかで発生した強い静電気が地上に放電されて、落雷がおこる。

▲雷管石　雷の電気が流れた部分が空洞となり、管状になっている。

雷管石ができるまで

▲雨で地表がぬれる
雷雨によって地表の砂がぬれ、電気が通りやすくなる。

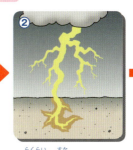

▲落雷が砂をとかす
地面に落雷してガラス質の砂がいっしゅんのうちにとける。

▲とけた砂がかたまる
とけた砂が急速に冷やされてかたまり、雷管石ができる。

雷で磁石になった鉱物

磁赤鉄鉱は、小さな磁石が集まってできたものと考えられています。ふだんはそれらが磁力を打ち消し合うようにならんでいますが、雷が落ちると、小さな磁石の向きがそろい、強い磁力をもった天然の磁石になります。

磁石

▲天然の磁石・磁赤鉄鉱（上）とそのでき方　落雷で磁力の向きがそろうと、クリップを引きつけるほどの強い磁力をおびる。

おもしろコラム
最古の羅針盤には磁鉄鉱が使われた？

船の進路を決める羅針盤を世界で初めて使ったのは、古代中国の歴史書「三国志」に登場する諸葛孔明だとされてきました。鉄片を強力な磁力をもつ磁鉄鉱でこすって磁石をつくり、羅針盤をつくったというのです。しかし、その後の研究の結果、この羅針盤は歯車を使った機械であることがわかりました。
いまでは、羅針盤は11世紀に中国で発明され、そこからヨーロッパを経て世界中に広まったとされています。

所蔵：船の科学館

▶昔の羅針盤　つねに南北を指す方位磁針のはたらきで、方角をまちがえずに船で目的地に着くことができる。

第2章 鉱物と宝石のふしぎ

ふしぎな割れ方をする鉱物

多くの鉱物には決まった方向に平らに割れるという性質があり、これを「へき開」といいます。へき開の程度は、鉱物の種類によって「完全」「不明りょう」というように異なり、割れる方向もちがいます。そのため、鉱物の種類を見分ける目安となります。

1方向に割れやすい鉱物

1方向に割れやすいものに、雲母、輝安鉱、ぶどう石、石こうなどがあります。有名なのが雲母で、何枚でも同じ方向にうすくはがれるので、「千枚はがし」とよばれます。輝安鉱も完全なへき開があるため、はがれやすく、もろい鉱物というとくちょうがあります。

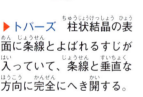
◀黒雲母 1方向に完全にへき開してうすい板のようになる。花こう岩、安山岩、せん緑岩などの主成分。

▶トパーズ 柱状結晶の表面に条線とよばれるすじが入っていて、条線と垂直な方向に完全にへき開する。

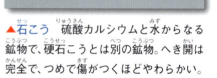
▲石こう 硫酸カルシウムと水からなる鉱物で、硬石こうとは別の鉱物。へき開は完全で、つめで傷がつくほどやわらかい。

◀輝安鉱 アンチモンの原料となる硫化鉱物。へき開は完全で、柱状結晶の表面にそって板状にはがれやすい。

2方向に割れやすい鉱物

2方向にへき開しやすい鉱物には、普通輝石やヒスイ輝石、紅柱石をはじめ、角せん石、長石などがあります。へき開が2方向以上ある鉱物では、へき開する面同士の角度が、鉱物の種類を知るヒントになります。たとえば、普通輝石は2つのへき開の面はほぼ直角で、角せん石は約125度です。

▲紅柱石 へき開は完全。ふだんは薄紅色だが、見る方向によって赤色や黄緑色などに変化する。

▲普通輝石 カルシウムやマグネシウム、鉄をふくむ輝石。へき開は2方向に完全で、へき開の面がほぼ直角に交わる。

▲ヒスイ輝石 2方向に完全なへき開を示す輝石の一種。クロムなどをふくむと緑色になる。宝飾用として有名。

3方向に割れやすい鉱物

このグループには、方解石や硬石こう、らん晶石、りょう鉄鉱、岩塩などがふくまれます。方解石は、ゆがんだマッチ箱のような形に割れることで有名です。また、らん晶石は、へき開の面でかたさが大きくちがうというめずらしい性質をもっています。

◀ **方解石** 炭酸カルシウムからなり、石灰岩や大理石を構成する。3方向に完全なへき開と複屈折の現象が有名。

▲ **らん晶石** 3方向に完全にへき開し、へき開の面によってかたさがちがうので、二硬石ともよばれる。

◀ **硬石こう** 硫酸カルシウムが主成分の鉱物。石こうのへき開は1方向なのに対し、硬石こうのへき開は3方向に完全。

◀ **りょう鉄鉱** ひし形6面体の結晶も見られるが、小さなひし形結晶の集合体で見つかることが多い。へき開は3方向に完全。

4方向に割れやすい鉱物

このグループの代表的な鉱物は、ホタル石とダイヤモンドです。ホタル石は4方向にへき開しやすいため、8面体のアクセサリーに加工されることがあります。また、ダイヤモンドはもっともかたい鉱物ですが、強くたたくと8面体に割ることができます。

▼ **ホタル石** 加熱すると光を発するため、命名された。へき開が完全なので、かんたんに8面体に加工できる。

▶ **ダイヤモンド** 地球上でもっともかたい鉱物。完全なへき開をもち、正8面体の結晶として見つかることが多い。

おもしろコラム
不規則な形に割れる鉱物

鉱物の結晶には、水晶や黄鉄鉱のように不規則な形に割れるものも少なくありません。水晶のようにガラス質の鉱物の場合には、割れ口が貝殻のような形になります。それらの鉱物は、へき開することがないため、みがいたり、ほったりして宝石や彫刻、印鑑などに用いられます。

▶ **紫水晶の割れ口** へき開しないため、割れた断面には貝殻の表面のような筋がたくさん見られる。

第2章 鉱物と宝石のふしぎ

絵の具に使われた鉱物

人類は、まだ紙も発明されない大昔から、岩や石の壁に絵をえがいてきました。そのころ絵の具の原料となったのが、さまざまな色の鉱物です。くじゃく石や鶏冠石、らん銅鉱などの鉱物からつくられた美しい色の絵の具は、岩絵の具とよばれていました。

鉱物をすりつぶしてつくった岩絵の具

鉱物をすりつぶすと、顔料とよばれる粉末ができます。それらの顔料に動物の皮や骨から煮出したにかわ（ゼラチン）や水をまぜあわせた接着剤でといたものが、岩絵の具です。日本画は、これらの岩絵の具を使ってえがかれてきました。

▲鉱物（左）と乳鉢（右） 鉱物を乳鉢に入れてすりつぶすと、粉末の顔料になる。

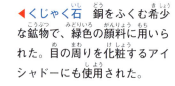

◀くじゃく石 銅をふくむ希少な鉱物で、緑色の顔料に用いられた。目の周りを化粧するアイシャドーにも使用された。

▲鶏冠石 硫化ひ素をおもな成分とする鉱物。温泉や火山地帯で見つかることが多い。だいだい色の顔料として使用された。

◀ **らん銅鉱** 成分はくじゃく石とほぼ同じで、銅をふくむ鉱物。同じ場所で発見されることが多い。群青色の顔料に使われる。

◀ **石黄** 鶏冠石と同じく硫化ひ素がおもな成分で、黄色の顔料の材料とされた。中国では、鶏冠石を雄黄、石黄を雌黄とよんだ。

▲ **高松塚古墳の壁画** 高松塚古墳（奈良県明日香村）にはくじゃく石やらん銅鉱などの顔料を使った色あざやかな壁画が残っている。

GSJ M18097
←15cm

▲ **赤鉄鉱** 鉄分をふくむ鉱物で、鉄さびのような赤い顔料の材料になる。

おもしろコラム
化粧品に使われてきた鉱物

古代エジプトでは、美しい緑色の鉱物「くじゃく石」が化粧品として使われてきました。くじゃく石をくだいて、粉末にして目の周りにぬるのです。女王クレオパトラも、くじゃく石のアイシャドーを愛用したといわれています。また、日本の愛知県でとれる絹雲母は、現在でも、細かくすりつぶして、ファンデーション（下地用化粧品）の材料として利用されています。

くじゃく石

絹雲母

第2章 鉱物と宝石のふしぎ

工業製品の原料となる鉱物

　金属のほかにも、工業製品の原料となる鉱物があります。鉱物には、とてもやわらかいものや、熱や水を加えると変化するものがありますが、それらは鉛筆のしんや陶器、ガラスなどとして利用され、わたしたちの生活にとけこんでいます。

鉛筆のしんになる鉱物

　石墨は、炭素からなる黒い鉱物で、黒鉛ともよばれています。とてもやわらかく、表面がなめらかなのがとくちょうで、紙にこすりつけると黒いつぶとなってくっつくため、鉛筆のしんの原料として利用されています。電極や耐火物としても使われます。

黒鉛

▲中国の黒鉛鉱山　かつて神岡鉱山が黒鉛の産地として有名だったが、現在は、ほとんど中国から輸入されている。

鉛筆ができるまで

① ▲黒鉛に粘土をまぜあわせ、水を加えてよくねる。

②
▲ねった原料を穴からおしだし、細長い生しんをつくる。

③ ▲生しんを乾燥させてからかまで焼き、かたいしんにする。

④ ▲焼きあがったしんに油をしみこませ、書きやすくする。

⑤ ▲軸のもととなる板に、しんをはめるためのみぞをほる。

⑥ ▲みぞにしんをはめこみ、もう一枚の板をはりあわせる。

熱を加えて形をつくる鉱物

陶土は、おもにカオリンとよばれる鉱物からできていて、水でこねて焼くとかたくなるため磁器や陶器に利用されます。ケイ砂を高温でとかすと、ガラスになります。加熱して粉末となった石こうは、水でかたまるので、彫像などに使われます。

▲陶土・ケイ砂採掘場　愛知県瀬戸市の採掘場では、ケイ砂と陶土の両方が採掘されている。

▲陶土採掘場　産地として中国では景徳鎮、日本では愛知県瀬戸市などが有名。写真は岐阜県瑞浪市の採掘場。

◀灯油がまでの焼き上げ　最近では、火を直接使ったかまは、めずらしくなっている。

▲石こう鉱山　日本国内の鉱山はすべて閉山され、モロッコやタイなどから石こうを輸入している。

おもしろコラム
薬として用いられた鉱物

鉱物は、古くから薬としても用いられてきました。古代ギリシャでは、ラピスラズリが下剤、紫水晶（→P.41）は酒酔いを防ぐ薬とされていたそうです。また、中国では、古代からしん砂（→P.8）は気分を落ちつかせる鎮静剤、硬石こうは熱冷まし、滑石は胃腸薬などとして用いられてきました。それらは漢方薬とよばれて、奈良時代には日本へも伝えられました。

▲室町時代の薬師　昔の日本では、薬師とよばれる医者が、薬研とよばれるすりばち（手前右）で原料をすりつぶして薬をつくった。

第 2 章 鉱物と宝石のふしぎ

金属の原料となる鉱物

人類が初めて鉱物をとかし、金属の道具をつくったのは紀元前3000～4000年ごろで、最初の道具は銅製や青銅製だったと考えられます。以来、人類は宝飾品や機械製品、建築の材料など、さまざまな形で金属を利用してきました。

貴金属のもとになる鉱物

自然金は、岩石のなかから粒や針、木の枝のような形で発見されるほか、川底で砂金として見つかります。自然金は、自然銀がまじった状態で見つかることもよくあります。金、銀、白金など、美しくかがやく金属は貴金属とよばれ、高価なものとして取引されます。

▶ 自然金（左）と砂金（右） 岩石の表面にかがやく自然金。砂金は金の純度が高い。

▶ 自然白金 金と同じでさびにくい。プラチナともよばれる。

▶ 水銀 銀色の光沢をもつ液体鉱物。水銀は貴金属ではないが、特別な方法で金に変えることができると考えられている。

▶ 自然銅 赤銅色で、木の枝のような形やかたまりとして見つかることが多い。

▶ 自然銀 銀色でやわらかい。空気にふれると表面が黒っぽくなる。

おもしろコラム
すけて見えるほどうすくなる金

金は、もっともやわらかく加工しやすい金属の1つです。日本では、古くから金の板を木づちや金属の棒でたたいて延ばし、すけて見えるほどうすい金ぱくをつくる技術が発達してきました。

❶ ▶ 金の板を木づちで何度もたたいて、うすい金の板をつくる。

❷ ▶ うすくなった金の板を小さく切って、細い竹の先で和紙の上に移す。

❸ ▶ 和紙の上から金属の細い棒の先で何度もたたいてさらにうすくする。

❹ ▶ できあがった金ぱくをガラスに張りつけると、向こうの花がすけて見えるほどうすい。

産業の基本となる金属をつくる鉱物

鉄をはじめとする金属は、さまざまな製品や建築の材料などに使われ、産業をささえてきました。そのような、人間に役立つ金属をふくむ鉱物を、鉱石といいます。鉱石には不純物が多く、そのままでは使えないので、炉で熱したり、電圧をかけたりして金属をとりだします。

▶▲**磁鉄鉱（左）の精錬（上）** 鉄鉱石を高温でとかし、酸素などの不純物をとりのぞいて鉄をつくる。

▶▲**ギブス石（右）の電解精錬（上）** ギブス石などを液体にしたものに電圧をかけると、純粋なアルミニウムをとりだすことができる。

▶**軟マンガン鉱** 黒色の鉱石で、乾電池などに使われる二酸化マンガンの原料となる。

◀**赤銅鉱** 銅と酸素が結びついた鉱物。銅の割合が約9割と多いため、重要な銅の原料となる。

▶**クロム鉄鉱** 合金の材料となるほか、耐火れんがや化学薬品などの原料になるクロムの鉱石。

▶**せん亜鉛鉱** 亜鉛と硫黄が結びついたもの。めっきや合金の材料などに使われる亜鉛の原料となる。

▶**方鉛鉱（矢印）** 鉛の重要な鉱石。鉛は電極や合金、ガラスや銃弾、X線防護材などの原料として使われる。

おもしろコラム
自動車や携帯電話に使われるレアメタル

地球上に存在する量がとても少ない金属や、金属としてとりだすのがむずかしい金属のことを、レアメタルといいます。レアメタルは、ほかの金属とまぜあわせた合金にすると、これまでにない性質をもった金属をつくることができます。そのため、最先端技術を利用した携帯電話や自動車などの部品の材料として、よく使われています。

▶**ルチル（左）と携帯電話（右）** ルチルからとりだされるチタンは、携帯電話のコンデンサー（蓄電器）に使われている。

コラム

方解石

下の紙から反射した光が、方向によって屈折率が変わらないものと、方向によって屈折率が変わるものの2つに分かれるため、文字が二重になって見える。

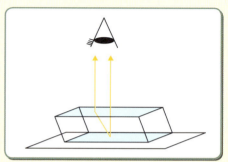

テレビ石

ウレキサイトという鉱物で、ひじょうによく光を通すせんいのような結晶が平行に並んでいる。そのため、下の紙から反射した光で文字がうきあがって見える。

▶真横から見たテレビ石の結晶

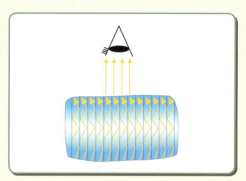

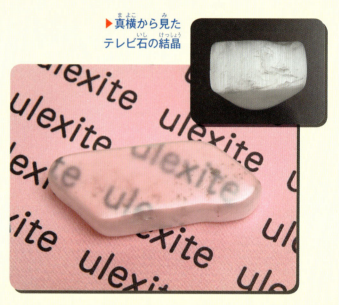

ふしぎな見え方をする鉱物

　ガラスのように透明な鉱物を本や新聞紙の上にのせると、下の文字や絵をすかして見ることができます。これは、本や新聞紙に当たった光が、鉱物のなかを決まった角度で曲がって反射するためです。これを「屈折」といいます。

　鉱物のなかを進む光の屈折のしかたは、鉱物の成分や結晶のつくりによってそれぞれ異なります。なかには文字や絵が二重に見えたり、うきあがって見えたりするものもあります。そのしくみを考えてみましょう。

第3章 岩石をつくる鉱物

第3章 岩石をつくる鉱物

地球の表面をつくる岩石

ふだん地下深くにある高温のマグマは、冷えてかたまると「火成岩」という岩石になります。地球の表面は地殻という岩石の層でできていますが、その大部分をつくるのが火成岩です。火成岩は、でき方によって、「火山岩」と「深成岩」などに分けられます。

火山の近くでマグマがかたまった火山岩

火山岩とは、マグマが地表近くで急に冷えてかたまった岩石のことです。玄武岩、安山岩、流紋岩などがふくまれます。火山岩は、はん晶というやや大きな鉱物の結晶部分と、はん晶の間をうめる石基という部分でできています。石基は、細かい結晶やガラス質で、鉱物が結晶になりきれなかったものと考えられます。石基にはん晶がまざる火山岩のつくりを、はん状組織といいます。

▲**兵庫県の玄武洞** 玄武岩の名前の由来となった洞くつ。柱のような規則正しい割れ目をもつ玄武岩が、岩肌をうめつくす。

▼**玄武岩** 輝石、かんらん石、斜長石などの鉱物からなる。ガスがぬけて小さな穴ができる場合がある。

GSJ R10378
↔16cm

火山岩 マグマが火口から溶岩として流れだし、地表で急に冷やされてかたまったもの。

GSJ R39052
↔8cm

▲**安山岩** 玄武岩と流紋岩の中間にあたる。輝石、角せん石、斜長石、黒雲母などの鉱物をふくむ。

GSJ R11269
↔14cm

▲**流紋岩** 石英や長石、黒雲母や角せん石などの鉱物からなる。しまもようが見られることが多い。

▼**火成岩の分類** 火成岩は、マグマが冷えてかたまるスピードによって分類できる。マグマがかたまるスピードは、地表からの距離が近いほど速くなる。

深成岩 地下の深いところで、マグマがゆっくりと冷やされてかたまったもの。

© 2010 Juna Kurihara

地中深くでマグマがかたまった深成岩

深成岩とは、地下深くでマグマがゆっくりと冷えてかたまった岩石です。マグマの冷え方が遅いと、マグマのなかの鉱物はガラス質の石基になることなく、すべてが数mmていどの大きさまでの結晶となります。そのため、深成岩は、鉱物の大きなつぶが組みあわさった等粒状組織というつくりになります。

深成岩には、花こう岩、はんれい岩、せん緑岩、かんらん岩などがありますが、とくに有名なのは石材としてよく使われる花こう岩です。花こう岩には、鉱物の大きな結晶をふくむ部分があります。これはペグマタイトとよばれて、ふつうの深成岩とは区別されます。ペグマタイト内には、まれに晶洞という鉱物の結晶の集合体のできる空洞が見られます。

▲**花こう岩の採石場** 花こう岩は日本に広く分布し、各地の採石場でとられている。採石された花こう岩は、庭石や墓石、建築材料などとして使われる。

▼**花こう岩** 石英、長石、角せん石、黒雲母などの鉱物をふくむ岩石。石材としては御影石とよばれる。黒いつぶの部分は黒雲母など。

▶**はんれい岩** 斜長石や角せん石、輝石、かんらん石、磁鉄鉱などの色つきの鉱物を多くふくむので黒っぽい。

◀**せん緑岩** 花こう岩とはんれい岩の中間にあたる岩石。斜長石や石英、角せん石や輝石、黒雲母などの鉱物をふくむ。

▶**かんらん岩** オリーブ色の岩石。かんらん石や輝石などの鉱物からなる。地殻の下にあるマントルをつくっている。

おもしろコラム
でき方でちがう溶岩の形

火成岩は、冷えてかたまるまでの時間や鉱物の種類がしめる割合によって、さまざまな種類の岩石になります。

玄武岩質の溶岩のうち、さらさらに流れてかたまった溶岩をパホイホイ溶岩とよび、ねばりけがあって流れにくい溶岩をアア溶岩とよびます。パホイホイ溶岩の表面はなめらかですが、アア溶岩の表面はガサガサしているので、見た目で区別することができます。

パホイホイ溶岩

アア溶岩

第 3 章 岩石をつくる鉱物

土や砂などがたい積してできた岩石

地表の土砂や小石が、川の水に運ばれて海底や湖底につもることを「たい積」、たい積してできた岩石を「たい積岩」といいます。海底や湖底のたい積岩は、地殻活動で陸上に現れます。火山灰や水生生物の死がいがたい積してできることもあります。

土砂や小石がたい積してできた岩石

川の水で海底や湖底まで運ばれた土砂や小石は、つぶの大きな順にたい積してしまもようの「地層」をつくります。それらは、長い年月をかけて地中の熱と圧力でかたくなり、れき岩・砂岩・泥岩などのたい積岩となります。また、火山からふきだした火山灰がたい積して、凝灰岩とよばれるたい積岩ができることもあります。

▼凝灰岩　直径4mm以下の火山灰がたい積してできた岩石。水中にたい積してできることもある。

木の葉の化石　カエルの化石

▲◀泥岩の露頭（上）と露頭から見つかった化石（左）
地層がむきだしになっている場所を露頭という。生き物の死がいが地層にまじってできるため、化石が見られる。

▶れき岩　直径2mm以上の小石がつもってできたたい積岩。小石のすきまは泥や砂がうめる。

GSJ R57858
↔9cm

▼砂岩　0.06〜2mmていどの砂でできたたい積岩。砂つぶは石英や長石などからなる。

GSJ R31444
↔10cm

れきと砂
細かい砂
泥

▶たい積のしかた　土砂は大きなものから早くしずみ、小さなものは遠くまで運ばれる。そのため、つぶの大きい小石は海岸近くにつもり、海岸から離れるごとに砂、泥という順番でつもっていく。

© 2010 Juna Kurihara

海の生物がたい積してできた岩石

海中には、大量の二酸化炭素やカルシウムなどがとけこんでいます。それらは、海にすむ貝のからやサンゴ、ウミユリなどの動物の骨の材料となります。それらの死がいが、長年海底にたい積すると、石灰岩とよばれるたい積岩ができます。また、海にすむプランクトンというとても小さな生物の死がいがたい積すると、ケイ藻質泥岩やチャートなどのたい積岩ができます。それらは、海の生物の死がいからできたことから、生物岩ともよばれています。

◀ケイ藻質泥岩　二酸化ケイ素のからをもつ、ケイ藻というプランクトンの死がいがたい積してできた岩石。
GSJ R57860　↔25cm

▲石灰岩の採石場　日本では石灰岩が豊富で、各地で採石され、石材のほか、セメント、白線の粉、塗装の材料などに使われる。

◀石灰岩　白や灰色で、やわらかく傷つきやすい。フズリナやウミユリなどの化石をふくむことが多い。
GSJ R38596　↔20cm

◀赤色チャート　細かいつぶでできたかたい岩石。不純物によって赤や青、緑やピンク、白や灰色などさまざまな色になる。
GSJ R42892　↔9cm

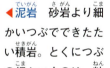
◀泥岩　砂岩より細かいつぶでできたたい積岩。とくにつぶの細かいものは、粘土岩とよばれる。
GSJ R858　↔11cm

おもしろコラム
石炭もたい積岩の一種？

いまからおよそ3億5900万年前から2億9900万年前の地球は、うっそうとしたリンボクやロボクなどの森林でおおわれていました。それらの樹木がたおれて土砂や泥といっしょに水の底にうもれ、地中の熱や圧力で蒸し焼きにされて炭のようになり、化石になったものが「石炭」です。こうしたでき方から見ると、石炭もたい積岩の一種ということができます。

▲石炭（左）と炭鉱での石炭採掘（右）　石炭は地中で層になった状態で分布し、ドリルや削岩機などでほりだされる。

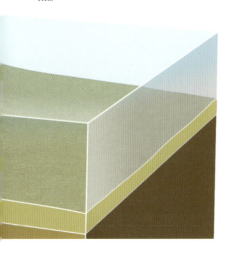

第3章 岩石をつくる鉱物

地下活動でできた岩石

地下活動の影響で、岩石が別の岩石に変わることを変成といい、変成によってできた岩石を「変成岩」といいます。変成岩はできかたのちがいで、広域変成岩や接触変成岩などに分けられます。これらは、ほかの岩石には見られない鉱物をふくむ場合があります。

地中の熱や圧力で変わった岩石

海のプレートがしずみこむ海溝や、プレート同士がぶつかるさかいめでは、地下の岩石に大きな力と熱が加わります。すると、広い範囲にわたって変成がおき、「広域変成岩」とよばれる岩石がつくられます。これらは、もとの岩石やできたときの温度、圧力のちがいなどにより分類されます。広域変成岩には、千枚岩、片岩や緑色岩、角せん岩、片麻岩などさまざまな種類があります。

▲**長瀞渓谷の岩畳** 埼玉県の長瀞渓谷では、板状の岩がおり重なった岩畳が見られる。岩畳は片岩という変成岩でできている。

◀**緑泥石片岩** おもに緑泥石という鉱物からなる。片岩とは、うすくはがれる性質をもつ変成岩のこと。

GSJ R57021
←→12cm

◀**紅れん石片岩** 片岩の一種で、マンガンをふくんだチャートが変成したもの。紅れん石という鉱物をふくむため、赤紫色に見える。

GSJ R58252
←→13cm

◀**片麻岩** とくに強い熱や圧力をうけたもの。色のうすい層と色のこい層が交互に重なって、しまもようになることが多い。

GSJ R57373
←→14cm

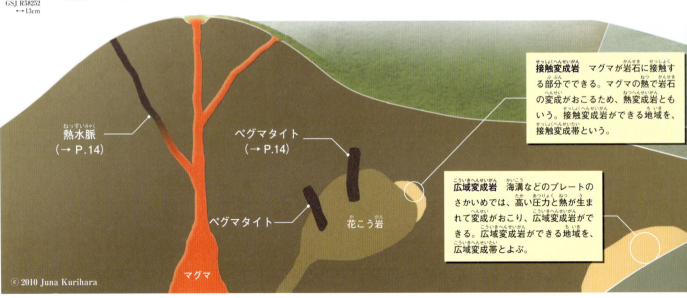

接触変成岩 マグマが岩石に接触する部分でできる。マグマの熱で岩石の変成がおこるため、熱変成岩ともいう。接触変成岩ができる地域を、接触変成帯という。

広域変成岩 海溝などのプレートのさかいめでは、高い圧力と熱が生まれて変成がおこり、広域変成岩ができる。広域変成岩ができる地域を、広域変成帯とよぶ。

© 2010 Juna Kurihara

マグマの熱で変わった岩石

マグマの高熱をうけてまわりの岩石が変成したものを「接触変成岩」といいます。このうち、砂岩や泥岩などのたい積岩が変成したものを「ホルンフェルス」といいます。ホルンフェルスの多くは、きん青石やざくろ石、紅柱石、ケイ線石などの鉱物からできています。このほか、石灰岩が変成したものを「結晶質石灰岩」といいます。こちらは大理石ともよばれ、高級石材として有名です。石英質の砂でできた砂岩や、チャートが変成したものは、「ケイ岩」とよばれます。

▶ホルンフェルス きめ細かくかたい。色は白や灰色、黒など。細かい鉱物の結晶をふくむため、きらきら光って見える。

◀ケイ岩 おもに石英の結晶のつぶでできたホルンフェルスの一種。白、灰色、赤などのものがあり、きめ細かくてかたい。

▶大理石 方解石の結晶からなるホルンフェルスの一種。上品なかがやきがあり、複雑なもようをもつことが多い。

▲須佐ホルンフェルス 山口県の須佐湾沿いにあるがけ。色ちがいのホルンフェルスが美しいしまもようをつくっている。

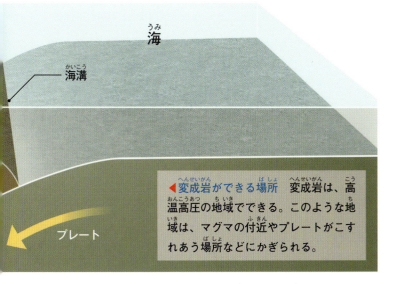
◀変成岩ができる場所 変成岩は、高温高圧の地域でできる。このような地域は、マグマの付近やプレートがこすれあう場所などにかぎられる。

おもしろコラム
砂岩が結晶片岩になるわけ

大量の砂が地中に長年うもれると、砂岩とよばれるたい積岩になります。砂岩のなかには、たくさんの石英がふくまれています。砂岩が地中の熱や圧力をうけると、砂岩にふくまれる石英が決まった方向にならび、ほかの鉱物としまもようをつくって、うすく割れやすくなり、結晶片岩になるのです。

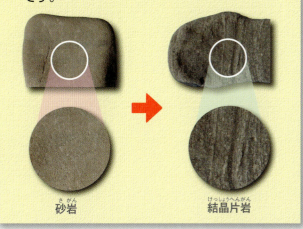

巻末資料

結晶づくりにチャレンジ！！

マグマや地熱で熱せられた地下水（熱水）に鉱物の成分がとけこみ、地下水がゆっくり冷めると、鉱物の結晶ができることがあります。これと同じ方法で身近な食塩や明ばんを使って、結晶づくりにチャレンジしてみましょう。

明ばんと塩で結晶かざりをつくってみよう

明ばんや食塩（塩）は、自然のなかでカリ明ばんや岩塩としてつくられる鉱物成分です。明ばんはナスの漬物の色をあざやかな紺色にする成分として、食塩は食べ物の調味料として、スーパーマーケットなどで売られています。それらを熱湯にとかして結晶をつくり、結晶かざりをつくってみましょう。

● 焼き明ばんを水にとかして結晶をつくる

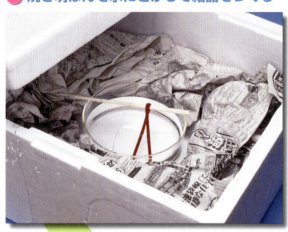

▲**結晶づくりの箱** 発泡スチロールの箱のなかに新聞紙を丸めてしき、器のなかに8分目ほどお湯を注ぎ、そのなかに割りばしにつけたモールや先に明ばんの小さな結晶のついた糸をつるす。

▶**焼き明ばんをとかす** 漬物用の焼き明ばんを少しずつかきまぜながらお湯にとかし、これ以上とけないという状態になるまでとかしていく。

● 食塩をとかして結晶をつくる

▲**結晶づくりの箱** 明ばんと同じように、新聞紙を入れた発泡スチロールの箱のなかに器を入れ、さまざまな形のモールを糸に結んでお湯のなかにつるしておく。

▶**食塩** 多めの食塩を用意し、器のなかのお湯をゆっくりかきまぜながらとかしていく。これ以上とけないという状態になるまで入れる。

▼**焼き明ばんをとかしきったお湯** 発泡スチロールの箱のなかで、なるべく器を動かさずに箱にはふたをしておこう。

▲モールのまわりについた塩の結晶　モール全体に塩の結晶がついて、雪をかぶったように見える。

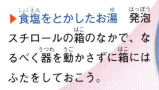

▶食塩をとかしたお湯　発泡スチロールの箱のなかで、なるべく器を動かさずに箱にはふたをしておこう。

▲結晶かざりのできあがり　太めのモールで首かざりをつくり、塩の結晶のついたかざりや明ばんの結晶を結ぶと、結晶かざりが完成する。

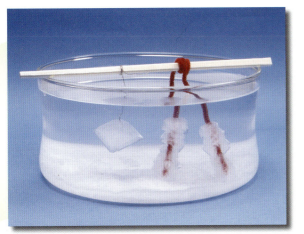

▲明ばんの結晶　糸の先やモールのまわりには明ばんの大きな結晶ができる。

おもしろコラム
結晶を虫めがねで見てみよう

塩の結晶は、わたしたちの目にはよく見えないほど小さなものです。でも、虫めがねで拡大して見ると、サイコロのような形をした正六面体であることがわかります。

提供：公益財団法人塩事業センター

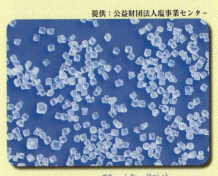

▲サイコロ形の塩の結晶

57

巻末資料

鉱物・宝石を展示する
全国博物館ガイド

＊各博物館は、およそ北から南の順にならべてあります。また、休館日や料金については、定期的なものやおもなものだけをのせてあります。くわしい情報は、各博物館に直接お問い合わせください。

◆地図と鉱石の山の手博物館

〒063-0007 北海道札幌市西区山の手7条8-6-1
🕙 10時〜17時（入館は16時30分まで）
休 月曜日（祝日の場合は翌日）
¥ 大人210円、小・中・高校生100円
☎ 011-623-3321

　北海道の鉱石・鉱物および世界の鉱物を展示。深海の鉱物をしょうかいするコーナーもある。パソコンコーナーには、顕微鏡観察用のパソコンと鉱物のサンプル画像データ展示用パソコンを設置。55インチ大画面のプラズマテレビでＤＶＤビデオの上映を行うことができる。

◆秋田大学大学院国際資源学研究科附属鉱業博物館

〒010-8502 秋田県秋田市手形字大沢28-2
🕙 9時〜16時
休 年末年始
¥ 一般100円、高校生以下無料
☎ 018-889-2461

　かつて日本有数の鉱業県として知られた秋田県。それらの鉱物標本を中心に、岩石や宝石、化石など3300点以上を展示。鉱山で使われる器具など、鉱業に関する資料も展示されている。資源やエネルギーの面から、人間と地球の共存をテーマとしている。

◆東北大学理学部自然史標本館

〒980-8578 宮城県仙台市青葉区荒巻字青葉6-3
🕙 10時〜16時
休 月曜日（祝日の場合は翌日）、年末年始
¥ 大人150円、小・中学生80円
☎ 022-795-6767

　数十万点もの標本や地図資料を収蔵する自然史博物館。鉱物・鉱石・岩石を展示する「変動する地球」、さまざまな生物の化石を展示する「地球生命の進化」などのコーナーがある。また、2階展示室では、日本の旧陸軍がつくった外国の地図を見ることができる。

◆産業技術総合研究所地質標本館

〒305-8567 茨城県つくば市東1-1-1
🕙 9時30分〜16時30分
休 月曜日（祝日の場合は翌日）、年末年始
¥ 無料
☎ 029-861-3750

　国内でただ1つの地学専門博物館。日本での地質調査の研究成果を「地球の歴史」「日本の地質現象」「鉱物資源」などのテーマに分けて、岩石・鉱物・鉱石・化石などを展示。地球の誕生や地質と人間のかかわりなどを模型・映像・パネルを使って解説している。

◆埼玉県立自然の博物館

〒369-1305 埼玉県秩父郡長瀞町長瀞 1417-1
9時〜16時30分（7・8月は17時まで）
月曜日、年末年始
一般 200円、高校・大学生 100円、中学生以下無料
0494-66-0407

　埼玉県の自然や人と自然とのかかわりをしょうかいする自然系総合博物館。岩石・鉱物・化石などをしょうかいする地学展示ホール、動植物をしょうかいする生物展示ホールなどを常設。かつて海底だった秩父山地や関東平野など、埼玉3億年の大地の成り立ちや生い立ちを知ることができる。

◆国立科学博物館

〒110-8718 東京都台東区上野公園 7-20
9時〜17時（入館は16時30分まで）
月曜（祝日の場合は翌日）、年末年始
一般・大学生 620円、高校生以下無料
03-5777-8600

　地球の誕生から日本列島の生い立ち、生物の進化などをテーマとして、鉱物・岩石・化石・動植物・いん石・宇宙など、自然科学全般についての展示を行っている総合博物館。日本の鉱物研究の先駆者の一人、櫻井欽一の鉱物コレクション約1万点を収蔵していることで有名。

◆千葉県立中央博物館

〒260-8682 千葉県千葉市中央区青葉町 955-2
9時〜16時30分（入館は16時まで）
月曜日（祝日の場合は翌日）、年末年始
一般 300円、高校・大学生 150円、中学生以下無料
043-265-3776

　千葉県の自然と歴史に関する総合博物館。動物・植物・地学・歴史・生態・環境の各分野の資料を収集・展示。地学展示室では、房総半島の成り立ちをしょうかい。各地の地質、地形、土壌についてのコーナーを設け、岩石・化石・鉱物などを展示している。

国立科学博物館
写真提供：国立科学博物館

巻末資料

◆フォッサマグナミュージアム

〒941-0056 新潟県糸魚川市大字一ノ宮1313 美山公園内
🕘 9時〜17時（入館は16時30分まで）
休 1・2・12月の月曜および祝日の翌日、年末年始
¥ 大人500円、高校生以下無料
☎ 025-553-1880

　5億年の大地の歴史を持つ糸魚川世界ジオパークの中核施設。糸魚川を代表する美しい鉱物「ヒスイ」をはじめ、世界中の貴重な鉱物・岩石・化石を見ることができる。「地球の誕生」や日本列島が誕生した際の大地の裂け目「フォッサマグナ」、フォッサマグナの発見者「ナウマン博士」などのテーマに分けて展示されている。

◆ミュージアム鉱研 地球の宝石箱

〒399-0651 長野県塩尻市北小野4668 いこいの森公園内
🕘 9時〜17時（入館は15時30分まで）
休 12月〜3月冬期休館
¥ 大人600円、高校・大学生400円、小・中学生300円
☎ 0263-51-8111

　鉱物・岩石・化石などの標本約6000点のなかから約2000点を選びだし、映像装置や模型、ボーリング機器、写真などにより、不思議な石の世界、38億年の生命の歴史など、7つのテーマに分類して展示している。

◆山梨宝石博物館

〒401-0301 山梨県南都留郡富士河口湖町船津6713
🕘 3〜10月：9時〜17時30分／11〜2月：9時30分〜17時
休 水曜日（祝日の場合は開館）、年末
¥ 大人600円、小・中学生300円
☎ 0555-73-3246

　宝石貴金属加工日本一をほこる山梨県で創設された宝石専門博物館。世界中の宝石の原石やカットされた宝石など500種類約3000点を展示。巨大な水晶の結晶や紫水晶の結晶群が、見る人をふしぎな宝石の世界にさそう。

山梨宝石博物館

奇石博物館

奇石博物館

◆奇石博物館

〒418-0111 静岡県富士宮市山宮3670

🕘 9時～17時（入館は16時30分まで）

🚫 水曜日（祝日の場合は翌日）、年末・冬季休館日あり

¥ 大人700円、小・中・高校生300円（第2・4土曜、5月5日無料）

☎ 0544-58-3830

　曲がる石、きれいな音をかなでる石、文字や絵がその表面にうきでる石、紫外線を当てると暗やみでカラフルな光を出す石など、鉱物・宝石・化石・岩石・いん石などのふしぎな石がもりだくさん。収蔵標本約1万7000点のうち、常時約2000点をしょうかいしている。

◆益富地学会館 石ふしぎ博物館

〒602-8012 京都府京都市上京区出水通り烏丸西入ル

🕘 10時～16時

🚫 平日休館（土・日曜日、祝日のみ開館）、お盆、年末年始

¥ 中学生以上200円、小学生以下無料

☎ 075-441-3280

　鉱物・化石・岩石の研究・展示施設で、日本の鉱物研究の先駆者の一人・益富寿之助によって前身が創立された。鉱物・岩石などを研究するとともに、日本と世界の鉱物・岩石標本約2万点を所蔵している。また、数千冊にのぼる地学関係図書をもつ図書室を備えている。

◆中津川市鉱物博物館

〒508-0101 岐阜県中津川市苗木639-15

🕘 9時30分～17時（入館は16時30分まで）

🚫 月曜日（祝日の場合は翌日）、年末年始

¥ 大人320円、中学生以下無料

☎ 0573-67-2110

　鉱物の産地「苗木地方」に建設された博物館。「長島鉱物コレクション」や苗木地方の鉱物をはじめ、国内外の鉱物約500点を展示。岩石・鉱物と人間のくらしとのかかわりや、中津川市周辺の地質についての展示もある。砂の中から水晶をさがす「ストーンハンティング」も人気。

◆史跡・生野銀山と生野鉱物館

〒679-3324 兵庫県朝来市生野町小野33-5

🕘 9時～17時30分（11月～3月は要問い合わせ）

🚫 年末年始、12～2月の毎週火曜日（祝日の場合は翌日）

¥ 観光坑道・資料館：大人900円、中・高校生600円、小学生400円／鉱物館は別途100円

☎ 079-679-2010

　世界的に有名な三菱ミネラルコレクションをはじめとした、日本産の鉱物標本約2000点を展示する国内最大級の鉱物博物館「生野鉱物館」のほか、生野銀山の総延長350kmにもおよぶ旧坑道の一部、鉱山資料館を見ることができる。

巻末資料

さくいん

あ行

アイアンローズ	35
アクアマリン	19、24
アスベスト	37
アメシスト	6、25、32
あられ石	9、34
アルミニウム	47
アレキサンドライト	29
安山岩	50
硫黄	8、15
硫黄華	13
石綿	37
岩絵の具	42
いん石	38
いん鉄	38
ウォーターメロン	36
エメラルド	19、25
エメラルド・カット	19
黄鉄鉱	8、10、31、37
オーケン石	36
オパール	24、28、30
オンファス輝石	21

か行

海溝	54
カオリン	45
花こう岩	7、13、14、51
火山ガス	14
火山岩	50
火山噴気帯	15
仮晶	37
火成岩	50
滑石	22、45
褐鉄鉱	37
ガーネット	25
カボション・カット	19
ガラス	45
岩塩	8、31
岩石	7、50
かんらん岩	13、51
顔料	42
輝安鉱	8、40
貴金属	46
菊花石	37
黄水晶	32
絹雲母	43
ギブス石	47
キャッツアイ	29
凝灰岩	52
鏡鉄鉱	35
恐竜	16
魚眼石	10
玉髄	33
きん青石	29
金属	46
金ぱく	46
草入り水晶	33
くじゃく石	42
黒雲母	7、40
黒水晶	32
クロム鉄鉱	47
ケイ亜鉛鉱	27
ケイ化木	30
ケイ岩	55
鶏冠石	42
蛍光物質	26
ケイ酸塩鉱物	9
ケイ砂	45
ケイ藻質泥岩	53
結晶	6、10、33、34、36、56
結晶形	10
結晶構造	6、9
結晶質石灰岩	55
結晶片岩	55
煙水晶	32
元素鉱物	8
玄能石	35
玄武岩	50
広域変成岩	14、54
鋼玉	23、25
合成エメラルド	19
鉱石	7、47
硬石こう	41、45
紅柱石	40
紅れん石片岩	54
黄金柱	15
黒鉛	9、44
コハク	7、31
コランダム	23、25
コールドプルーム	12

さ行

砂岩	52、55
砂金	15、46
桜石	37
ざくろ石	25
砂漠のバラ	34
サファイア	19、25
酸化鉱物	8
三斜晶系	11
三方晶系	11
紫外線	26
磁赤鉄鉱	39
自然金	15、46
自然銀	46
自然銅	46
自然白金	46
磁鉄鉱	8、39、47
ジャスパー	33
斜方晶系	11
重晶石	9、34
晶洞	6
鍾乳洞	15、34
食塩	56
ジルコン	10
人工ダイヤモンド	22
しん砂	8
深成岩	50
水銀	7、46

水晶　　11、14、23、25、32	泥岩　　53、55	方ソーダ石　　27
スター石　　29	ティラノサウルス　　16	北投石　　13
ステップ・カット　　19	鉄いん石　　38	ホタル石　　8、22、27、41
スーパーホットプルーム　　12	鉄電気石　　11	ホットプルーム　　12
星座石　　24	鉄のバラ　　34	ホルンフェルス　　55
正長石　　22	鉄ばんざくろ石　　9、10	**ま行**
正方晶系　　10	テレビ石　　48	マグマ　　14、22、50
石英　　7、23、32	電気石　　33	松たけ水晶　　11
石黄　　43	等軸晶系　　10	マントル　　12、14
石質いん石　　38	陶土　　45	マントル対流　　12、14
赤色チャート　　53	トパーズ　　18、23、25、40	御影石　　51
石炭　　53	虎目石　　29	明ばん　　56
赤鉄鉱　　8、35、43	トルコ石　　9、19、24	無機物　　6
石鉄いん石　　38	**な行**	虫入りコハク　　7、31
赤銅鉱　　8、47	軟マンガン鉱　　47	紫水晶　　6、32、41
石墨　　9、44	猫目石　　29	ムーンストーン　　24、29
石灰岩　　15、53	熱水脈　　15	めのう　　30、33
石基　　50	**は行**	モーリオン　　32
石こう　　9、11、22、34、40、45	白鉛鉱　　9、11	**や行**
接触変成岩　　14、54	針入り水晶　　33	山入り水晶　　33
せん亜鉛鉱　　47	ハロゲン化鉱物　　8	有機物　　6
せん緑岩　　51	はん晶　　50	**ら行**
双晶　　11	はんれい岩　　51	雷管石　　39
た行	ヒスイ　　21	ラピスラズリ　　20、45
タイガーアイ　　29	ヒスイ輝石　　11、21、40	ラブラドライト　　28
たい積　　52	風船硫黄　　34、35	らん晶石　　9、11
たい積岩　　52	普通輝石　　40	らん鉄鉱　　9
たい積物　　15	ぶどう石　　9、36	らん銅鉱　　43
ダイヤモンド　　6、8、10、18、22、24、41	ブリリアント・カット　　18	リチア電気石　　36
大陸移動説　　12	ブルーサファイア　　19	硫化鉱物　　8
大理石　　15、55	プルームテクトニクス　　12	硫酸塩鉱物　　9
炭酸塩鉱物　　9	プレート　　12、14、54	流紋岩　　50
単斜晶系　　11	フローレッセンス・ストーン　　26	緑柱石　　10
誕生石　　24	へき開　　6、40	緑泥石片岩　　54
地殻　　7、50	ペグマタイト　　14、51	リン灰石　　22
地層　　52	紅水晶　　32	リン酸塩鉱物　　9
チタン　　47	ヘマタイト　　35	ルチル　　33、47
チャート　　53、55	ペリドット　　24	ルビー　　18、25
長石　　7	変成岩　　15、54	レアメタル　　47
直方晶系　　11	片麻岩　　54	れき岩　　52
猪肉石　　36	方鉛鉱　　47	六方晶系　　10
	方解石　　9、15、22、27、41、48	

● **監修者　松原 聰（まつばら さとし）**
元国立科学博物館地学研究部部長。元日本鉱物科学会会長。理学博士。1946年愛知県生まれ。1969年京都大学理学部地質学鉱物学科卒業後、同大学院理学研究科博士課程中退。著書に『鉱物図鑑』（ベストセラーズ）、『図説 鉱物の博物学』（秀和システム、共著）、『カラー図鑑 美しすぎる世界の鉱物』（宝島社）、『鉱物ハンティングガイド』（丸善出版）など。監修に『学研の図鑑 美しい鉱物』（学研教育出版）、『鉱物・宝石大図鑑』（成美堂出版）、『鉱物キャラクター図鑑』（日本図書センター）ほか多数。

● **参考文献**
『科学のアルバム 鉱物』（あかね書房）、『鉱物ウォーキングガイド』（丸善）、『鉱物図鑑』（誠文堂新光社）、『鉱物・宝石の不思議』（ナツメ社）、『図解サイエンス 鉱物の不思議がわかる本』（成美堂出版）、『世界大百科事典』（平凡社）、『楽しい鉱物図鑑』『楽しい鉱物図鑑＜2＞』（草思社）、『たのしい鉱物と宝石の博学事典』（日本実業出版社）、『知のビジュアル百科1 岩石・鉱物図鑑』（あすなろ書房）、『なぞの金属・レアメタル』（技術評論社）、『日本大百科全書』（小学館）、『フィールド版 鉱物図鑑』（丸善）、『フィールドベスト図鑑 日本の鉱物』（学習研究社）、『ダイヤモンドの科学』（講談社）、『ポケット版 学研の図鑑7 鉱物・岩石』（学習研究社）

● **写真・資料提供**
青森県教育庁文化財保護課、秋田大学大学院国際資源学研究科附属鉱業博物館、秋吉台科学博物館、糸魚川市交流観光課、岩見沢郷土科学館、愛媛大学地球深部ダイナミクス研究センター、尾道市情報教育研究会、奇石博物館、九州大学高壮吉鉱物標本（九州大学総合研究博物館WEB展示）、京都寺内、久慈琥珀株式会社、国立科学博物館、木の葉化石園、独立行政法人 産業技術総合研究所 地質標本館、公益財団法人 塩事業センター、須佐おもてなし協会、住友金属鉱山株式会社、住友電気工業株式会社、石灰石鉱業協会、瀬戸市まるっとミュージアム課、仙北市観光課、田邊鉱物化石コレクション、株式会社中央宝石研究所、富山県立山町、豊岡市観光課、長崎県島原市、長瀞町観光協会、NASA、日本鉛筆工業協同組合、株式会社ノリタケカンパニーリミテド、浜頓別町役場、富士黒鉛工業株式会社、船の科学館、文化庁、真壁石材協同組合、松原聰、株式会社マツボー／SMS-Mevac、株式会社マルヤマ宝飾、水間焼 伏原窯、本巣市教育委員会、山口県観光連盟、山口県立山口博物館、山梨宝石博物館、夕張市石炭博物館、蘭越町役場、旅館 綿屋、渡邊裕、Depositphotos、123RF

※写真横にGSJ、標本番号、スケールを示したものの出典は、産業技術総合研究所地質標本館webサイト（https://www.gsj.jp/Muse/）です。
● 表紙・カバー：右上イラスト（©2010 Juna Kurihara）、左下地球断面イラスト（© Johan Swanepoel/Depositphotos.com） ©NASA
● 本扉：右上イラスト（©2010 Juna Kurihara）、左下地球断面イラスト（© Johan Swanepoel/Depositphotos.com） ©NASA

●	イラスト	梅田紀代志　栗原樹奈　高橋正輝　中尾雄吉　藤田正純　ハユマ（小髙まりゑ）
●	デザイン	ハユマ（吉田進一、小西麻衣）
●	もくじ	fun fair（浜野健）
●	写真撮影	伊藤隆之　久保政喜　柳平和士
●	撮影協力	奇石博物館　山梨宝石博物館
●	執　筆	ハユマ（戸松大洋　吉田進一　小林文夫）
●	編集・構成	ハユマ（吉田進一　小髙まりゑ　戸松大洋）

＊本書は、PHP研究所から発行された『鉱物・宝石のふしぎ大研究』（2010年9月刊）を並製仕様にし、タイトルと表紙デザインを変更したものです。

ジュニア学習ブックレット
鉱物と宝石
でき方や性質をさぐろう！

2017年5月8日　第1版第1刷発行

監修者　松原　聰
発行者　山崎　至
発行所　株式会社PHP研究所
　　　　東京本部　〒135-8137　江東区豊洲 5-6-52
　　　　　児童書局　出版部　☎03-3520-9635（編集）
　　　　　　　　　　普及部　☎03-3520-9634（販売）
　　　　京都本部　〒601-8411　京都市南区西九条北ノ内町 11
　　　　PHP INTERFACE　http://www.php.co.jp/
印刷所
製本所　図書印刷株式会社

©PHP Institute,Inc. 2017 Printed in Japan　　ISBN978-4-569-78654-4
※本書の無断複製（コピー・スキャン・デジタル化等）は著作権法で認められた場合を除き、禁じられています。また、本書を代行業者等に依頼してスキャンやデジタル化することは、いかなる場合でも認められておりません。
※落丁・乱丁本の場合は弊社制作管理部（☎03-3520-9626）へご連絡下さい。送料弊社負担にてお取り替えいたします。
NDC459　63P　28cm